工业设计系列教程

MODERN FURNITURE DESIGN

现代
家具设计

刘育成　李　禹　编著

辽宁美术出版社

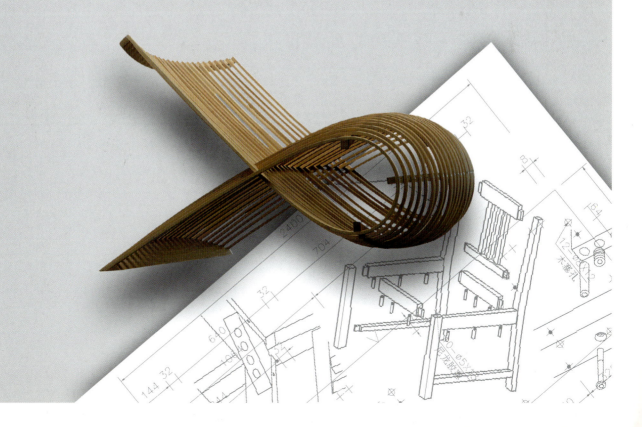

图书在版编目（ＣＩＰ）数据

现代家具设计／刘育成等编著． —— 沈阳：辽宁美
术出版社，2014.5
工业设计系列教程
ISBN 978-7-5314-6091-6

Ⅰ．①现…　Ⅱ．①刘…　Ⅲ．①家具-设计-教材
Ⅳ．①TS664.01

中国版本图书馆CIP数据核字(2014)第084716号

出 版 者：辽宁美术出版社
地　　址：沈阳市和平区民族北街29号　邮编：110001
发 行 者：辽宁美术出版社
印 刷 者：沈阳市博益印刷有限公司
开　　本：889mm×1194mm　1/16
印　　张：6
字　　数：140千字
出版时间：2014年5月第1版
印刷时间：2014年5月第1次印刷
责任编辑：苍晓东
封面设计：范文南　洪小冬
版式设计：彭伟哲　薛冰焰　吴　烨　高　桐
技术编辑：鲁　浪
责任校对：李　昂
ISBN 978-7-5314-6091-6
定　　价：48.00元

邮购部电话：024-83833008
E-mail:lnmscbs@163.com
http://www.lnmscbs.com
图书如有印装质量问题请与出版部联系调换
出版部电话：024-23835227

21世纪中国高职高专美术 · 艺术设计专业精品课程规划教材

序 》》

当我们把美术院校所进行的美术教育当做当代文化景观的一部分时，就不难发现，美术教育如果也能呈现或继续保持良性发展的话，则非要"约束"和"开放"并行不可。所谓约束，指的是从经典出发再造经典，而不是一味地兼收并蓄；开放，则意味着学习研究所必须具备的眼界和姿态。这看似矛盾的两面，其实一起推动着我们的美术教育向着良性和深入演化发展。这里，我们所说的美术教育其实有两个方面的含义：其一，技能的承袭和创造，这可以说是我国现有的教育体制和教学内容的主要部分；其二，则是建立在美学意义上对所谓艺术人生的把握和度量，在学习艺术的规律性技能的同时获得思维的解放，在思维解放的同时求得空前的创造力。由于众所周知的原因，我们的教育往往以前者为主，这并没有错，只是我们更需要做的一方面是将技能性课程进行系统化、当代化的转换；另一方面需要将艺术思维、设计理念等这些由"虚"而"实"体现艺术教育的精髓的东西，融入我们的日常教学和艺术体验之中。

在本套丛书实施以前，出于对美术教育和学生负责的考虑，我们做了一些调查，从中发现，那些内容简单、资料匮乏的图书与少量新颖但专业却难成系统的图书共同占据了学生的阅读视野。而且有意思的是，同一个教师在同一个专业所上的同一门课中，所选用的教材也是五花八门、良莠不齐，由于教师的教学意图难以通过书面教材得以彻底贯彻，因而直接影响到教学质量。

学生的审美和艺术观还没有成熟，再加上缺少统一的专业教材引导，上述情况就很难避免。正是在这个背景下，我们在坚持遵循中国传统基础教育与内涵和训练好扎实绘画（当然也包括设计摄影）基本功的同时，向国外先进国家学习借鉴科学的并且灵活的教学方法、教学理念以及对专业学科深入而精微的研究态度，辽宁美术出版社会同全国各院校组织专家学者和富有教学经验的精英教师联合编撰出版了《21世纪中国高职高专美术·艺术设计专业精品课程规划教材》。教材是无度当中的"度"，也是各位专家长年艺术实践和教学经验所凝聚而成的"闪光点"，从这个"点"出发，相信受益者可以到达他们想要抵达的地方。规范性、专业性、前瞻性的教材能起到指路的作用，能使使用者不浪费精力，直取所需要的艺术核心。从这个意义上说，这套教材在国内还是具有填补空白的意义。

21世纪中国高职高专美术·艺术设计专业精品课程规划教材系列丛书编委会

目录 contents

第一章 家具的概述

本章重点 》

通过本章的教学，使学生了解家具的基本概念，家具与工业设计，家具与室内环境的关系，当今时代信息化技术对家具设计影响的变化等，培养学生对家具设计课程的学习兴趣。

学习目标 》

掌握家具的基本概念，了解家具与其他设计专业的关系，以及家具设计的时代性。

建议学时 》

6学时。4学时讲授，2学时草图表现——表现一件自己喜欢的家具。

第一章　家具的概述

第一节 ///// 家具的基本概念

一、家具的概念

随着现代社会的发展和科学技术的进步，以及生活方式的变化，家具也永远处于不停顿的发展变化之中，家具不仅表现为一类生活器具、工业产品、市场商品，同时还表现为一类文化艺术作品是一种文化形态与文明的象征。

在当代，家具的概念早已超出原有的范畴，家具不再只是家庭用的器具，现代家具几乎涵盖了所有的环境产品、城市设施、家庭空间、公共空间和工业产品。较为全面客观地讲，家具是人类衣食住行活动中供人们坐、卧、作业或供物品贮存和展示的一类器具。

现代家具在工业革命的基础上，通过科学技术的进步和新材料与新工艺的发明，广泛吸收了人类学、社会学、哲学、美学的思想，紧紧跟随着社会进步和文化艺术发展的脚步，其内涵与外延不断扩大，功能更加多样，造型千变万化，更加日趋完美，成为创造和引领人类新的生活与工作方式的物质器具和文化形态。

家具从木器时代演变到金属时代、塑料时代、生态时代，从建筑到环境，从室内到室外，从家庭到城市，其目的都是为了满足人们不断变化的需求，创造更美好、舒适、健康的生活、工作、娱乐和休闲方式。人类社会和生活方式在不断的变革，新的家具形态将不断产生，家具设计的创造是具有无限生命力的，现代家具设计的内涵是永无止境的。

二、家具与工业设计

1. 家具与传统手工艺

现代家具设计与制造是大工业生产的产物。在欧洲18世纪工业革命之前，家具的设计和制造主要是基于手工劳动的手工艺行业，并且设计者和制作者往往是同一人，并没有设计与制造的精细职业分工。在学习技艺上是完全采取师傅带学徒的方式，基本没有设计图纸，完全是凭记忆、经验以及熟练的技艺。在生产上基本是单件制作的手工艺劳动，所用的工具是简单的手工工具，所用的材料基本上是天然木材、竹、藤、石料等自然材料。工业革命前的家具完全受材料本身的性质和相对原始的加工手段、制作工具的制约，同时又受到手工艺人个人工艺水平、经验以及地域、文化、风俗、审美观等诸方面的影响。

手工艺时期的家具设计潜在地存在于家具生产制造的全过程之中，家具的制作完全是手工艺人的个人经验体现。品种单一，不能大批量生产、又带有很大的局限性的天然材料及其原始的加工技术，决定了手工艺年代的家具需求只能停留在上层皇宫贵族和下层百姓的范围内。一方面，高档家具服务的对象，仅仅是为皇宫权贵、宗教神权、上层贵族等少数人服务和享用的，为了满足他们奢华生活的要求，体现社会上层统治者威严与权势，在制作工艺上讲究精细华丽的雕刻与装饰，以显示其神圣、尊贵和至高无上的地位，尤其是到了封建社会晚期资本主义萌芽时期的18世纪，这种为皇权贵族服务的古典建筑和家具，在制作工艺上已是登峰造极，精细的雕刻、烦琐的装饰和完美的技艺都是前所未有的。在欧洲是以洛可可风格、巴洛克风格和新古典主义为代表（图1-1～图

图1—1

图1—2

图1—3

1—3），在中国是以清代皇家园林建筑和宫廷家具为典型代表的（图1—4）。另一方面，在社会阶梯的底层为大众服务的手工艺人，他们为老百姓建筑古朴的民居，制造朴素大方的家具。同时，就地取材，应用竹、藤、柳等天然纤维材料，编织制造出具有不同民族风格和地方特色的竹、藤、柳编家具。这些都是真正的民间艺术。欧洲的民居建筑、奥地利工匠索内的曲木家具，英国的震颤派教徒简洁的实用家具，中国明代的江南民居、园林建筑，特别是明式家具，都是手工艺时期民间艺术和民间家具中的优秀代表。无论是精美的宫廷家具和简朴的民间家具，都是人类宝贵历史文化遗产的组成部分，是现代家具应该继承发展发扬光大的人文传统，具有完美技艺的传统手工艺，永远是现代工业设计的源泉。

2.家具与现代工业设计

工业革命揭开了人类文明史新的一页。机器的发明，新技术的发展，新材料的发现带来了机械化

图1—4

图1-5

的大批量生产。工业化家具生产取代了传统的手工艺劳动，引起了社会与生活的许多大规模的变化。工业生产体系的建立，城市生活的新模式，以及大批中产阶级的出现，使家具的工业化大批量生产和大批量消费成为可能。原来两极分化的皇室宫廷家具和民间家具，由于工业化大批量生产工艺的变革正在逐步地走向一体化。现代意大利家具和北欧的丹麦、瑞典、芬兰的家具设计就是一直继承保留着完美技艺的传统又移植到现代工业产品中去的杰出代表。设计开始发挥十分重要的作用，伴随着大众消费时代的到来，现代家具设计使新的家具产品源源不断地开发出来，为现代家具设计文化奠定了基础。虽然传统的手工艺人仍然在一定的范围内存在，但设计师开始从手工艺人中逐步独立出来，设计与制造开始在劳动的分工中分离，这就是工业革命的基础原则：劳动力的分工，体

力劳动和脑力劳动的分工，这是两个简单但具有划时代意义的变革，结束了几千年的手工艺人个体生产的历史，带来了生产力的提高。专业化的机器广泛应用

图1-6

并不断被改进，家具的生产变成一种大批量的机械化制造，家具变成了一种现代工业产品，家具的设计成为现代工业产品设计的重要组成部分。

现代家具设计具有三个基本的特征：一是建立在大工业生产的基础上；二是建立在现代科学技术发展的基础上；三是标准化、部件化的制造工艺。所以，现代家具设计属于现代工业产品设计的一类，尤其是室内设计中的重要组成部分（图1-5、图1-6）。

三、家具与室内设计

由于家具是建筑室内空间的主体，人类的工作、学习和生活在建筑空间中都是以家具来演绎和展开的，因此无论是生活空间、工作空间、公共空间的设计，还是建筑室内设计，都要把家具的设计与配套放在首位。家具是构成建筑室内设计风格的主体，应作为首要因素去设计，然后再进一步考虑天花、地面、墙、门、窗各个界面的设计，以及灯光、布艺、艺术品陈列与现代电器的配套设计，综合运用现代人体工学、现代美学、现代科技的知识，为人们创造一个功能合理、完美和谐的现代文明建筑室内空间。家具设计要与建筑室内设计相统一，家具的造型、尺度、色彩、材料、肌理要与建筑室内相适应，形成特定的空间氛围。

第二节 ///// 现代信息化技术对家具设计的影响

家具行业是典型的传统产业，与史俱来，将来也不会消退。然而在今天信息技术突飞猛进以及国内外强烈的市场竞争的驱动下，家具行业的信息化已势成必然。在家具行业各部门中，最先引入信息化技术的也是受信息化技术影响最显而易见的当属家具产品设计部门。

一、设计理念的更新

家具的主要作用是为了满足人们生产生活中工作、学习、休息、娱乐等各种结构、生理、心理及功能方面的需要。传统的家具设计主要还是基于人们最基本的生理需求，如坐、卧、食、存、置、用等，而最近信息化技术的发展给家具设计增添了一些新的内容，如人性化、智能化以及环保方面的要求。这就要求家具设计人员的理念要从原有的实用性转移到美观性、时效性、安全性方面上来。

1.家具的功能

随着现代工作和生活方式的变化，家具功能的多样组合将现代生活、工作所需的不同功能通过家具这一媒介而使之有机地组合在一起，以便更好地适应现代生活与工作的需要，达到舒适、安全、高效的目的。比如家庭声光柜，将电视、声响、音碟和影碟等家庭文化娱乐设备有机地组合在一起。又如水床、气床、按摩床等人体家具将人体的坐、卧功能和医疗保健功能组合在一起。

2.家具的材料

目前产品设计所使用的原材料最大的改变，一方面是以往作为辅助材料出现的材料成主产品设计的主角，如全钢家具、软体家具、塑料家具等；另一方面就是新材料的使用，如竹材、木塑复合材料、聚氨酯材料等，此外原有的人造板也不仅限于木质材料的人造板，许多替代材料也在源源不断地被发现开发并投入研究实验，这样人造板的定义范围将会被扩大。而这些全都得益于信息技术的支持与帮忙。通过网络和现代通讯技术以及计算机的整理测试分析，使得家具设计人员不管是从直接还是间接上都能获取更多更新材料的性能资料与信息的同时，根据需要将它们有机地结合在一起，创造出更丰富更多质感的类型产品。

3.家具的加工方式

传统的家具如果用传统机床进行加工，基本上可以保证线面垂直平整，但在复杂造型的产品加工方面很受限制，例如成型铣床加工的弯曲弧度就很有限，而车床加工也只能加工回旋体，对于形状比较复杂的产品，例如复杂的弯曲面或是雕刻技术基本是由人工完成，不仅耗费了大量的人工成本与时间成本，而且产品最后的效果也未必能够达到统一一致。而现在出现了很多新的工艺手段，例如运用CAD、CAM、CNC对家具的雕刻技术，以及许多弯曲木工艺，都使得这一关隘得以突破。因此在设计家具时可以不用再局限于直线条组合，而使用各种弯曲线条增加家具外观上的视觉效果。

4.家具研发过程

过去的家具产品研发过程相对来说比较独立、静止、封闭，通常是由一个设计人员根据即定的要求去设计一份产品，如果需求发生改变，或是其他产品有运用到这项产品的某个部件，或是这项产品的某些零件的个别尺寸发生变化的情况下，家具产品设计在可拓延性交互性方面就出现了制约。现在提出一个新的设计观念就是协同设计CPC（亦称协同产品商务或是产品协同商务）。协同设计是指在设计阶段，产品寿命中80%的累积成本已经被固定，若按传统方式进行产品研发，过程耗时太长，往往丢失了抢占市场的先机，如果采用"并行工程"，以团队协作的方式，让上、下行的有关人员都参与设计，借助计算机与网络技术进行对话，使设计者能在最短的时间内以最快的速度修改设计方案，以达到客户的要求，并且满足生产的需要。例如运用相关的软件与数据接口以及网络，在设计者生成三维实体图同时，也能使其他人员根据各自的需要自动生成相应的工程图纸和资料，如零件图、结构装配图、装配立体图、包装图、效果图以及材料明细表、价格统计表等。

二、设计软件的使用

家具产品的设计软件可以分为通用设计软件与拓展专业设计软件两大类。

1.通用设计软件

现在大多数国内家具企业用得最多的是Autodesk公司的AutoCAD以及与此相关联的设计软件系统，因为它的兼容、共享以及开发能力都非常大，而且简单易学，不仅能够满足二维平面、三维立体图的需要，还能满足部分透视效果图的需要。除此之外，与之配套经常使用的还有Adobe公司的平面设计软件Photoshop与COREL公司的 Coreldraw，以及AUTODESK公司的主要用于绘制三维立体效果及动画展示的3D Max。而国外家具企业大多使用的是3D辅助设计软件，如UG、PRO/E、Catia以及Solidwork等。

2.拓展专业设计软件

由于专门为家具行业定制的专业性设计软件不多，所以在通用设计软件的基础上进行二次开发专用于家具设计的软件也是当前家具行业所面临的一项重要的研究课题。这个方面做得最早的应是在AutoCAD基础上开发出来的圆方家具设计系统与中望设计系统。目前有很多研究单位和企业参与到这项工作中，所以市场上或是研究室里也诞生了很多类似的软件系统，如基于ObjectARX而设计的RTA厨房家具CAD系统和家具草图造型技术，以及立意于三维立体渲染的基于 Open GL的家具辅助设计系统，此外还有FCADS家具计算机辅助设计系统、德塞家具电脑展示系统等。

综上所述，家具设计从手工作业时代进入协作作业的时代时间并不长，但其成效却非常地显著，并且还有很大的发展空间。其中现代信息技术对其的影响不可小觑，并且还有可能更加深远地影响下去。虽然，不管从设计理念上还是设计手段上，家具产品设计都取得了不小的进步，但其中也存在着许多不足和有待于进一步发展之处，如智能化家具的开发等。不过随着家具行业信息化的不断深入，这些问题都会被一一解决，而家具产品设计也会迎来更广阔的发展前景和更适合的创作平台。

[复习参考题]

◎ 现在家具设计的基本特征是什么?

◎ 现代信息化技术使家具设计的理念有哪些变化?

第二章 主要时期中外家具的典范

本章重点

通过本章的教学，目的是了解我国传统家具发展状况及风格特点，西方近代盛时期的明清家具发展状况及风格特点，西方近代家具、现代家具、当代家具的风格特点及典型代表作品。

学习目标

通过教师的讲授，要求学生感受经典家具作品，理解作品。掌握中西家具的艺术风格特点。

建议学时

6学时。

第二章　主要时期中外家具的典范

第一节 ///// 中国传统家具——明清家具

中国古代家具史是一部"木头构创的绚丽诗篇"。其历史悠久，自成体系，具有强烈的民族风格。无论是笨拙神秘的商周家具、浪漫神奇的矮型家具（春秋战国秦汉时期）抑或婉雅秀逸的渐高家具（魏晋南北朝时期）、华丽润妍的高低家具（隋唐五代时期）、简洁隽秀的高型家具（宋元时期），还是古雅精美的明式家具、雍容华贵的清式家具……都以其富有美感的永恒魅力吸引着中外万千人士的钟爱和追求。

中式传统家具特别是明、清家具作为东方家具的象征，以其端庄、沉稳的造型和清湛绝伦的工艺，向世人展现古朴、典雅的气派，积淀着中国传统文化深厚的底蕴。

一、明式家具

1. 明式家具

按使用途径可以分为五大类：椅凳类、桌案类、床榻类、柜架类、其他类。

椅凳类（图2-1～图2-8）。

图2-2

图2-3

图2-1

图2-4

图2-5 图2-6 图2-7 图2-8

桌案类（图2-9～图2-13）。

图2-9 图2-10 图2-11

图2-12 图2-13

床榻类（图2-14～图2-16）。

图2-15

图2-14

图2-16

柜架类（图2-17～图2-20）。

图2-17

图2-18

图2-19

图2-20

其他类（图2-21～图2-23）。

图2-21

图2-22

图2-23

2. 明代家具的风格特点

(1) 造型简练、以线为主。

严格的比例关系是家具造型的基础。从明代家具来看，其局部与局部的比例、装饰与整体形态的比例，都极为匀称而协调。如椅子、桌子等家具，其上部与下部，其腿子、枨子、靠背搭配之间，它们的高低、长短、粗细、宽窄，都令人感到无可挑剔的匀称、协调（图2-24）。并且与功能要求极相符合，没有多余的累赘，整体感觉就是线的组合。其各个部件的线条，均呈挺拔秀丽之势。刚柔相济，线条挺而不僵，柔而不弱，表现出简练、质朴、典雅、大方之美（图2-25、图2-26）。

(2) 结构严谨、做工精细。

明代家具的卯榫结构，极富有科学性。不用钉子少用胶，不受自然条件潮湿或干燥的影响，制作上采用攒边等做法。在跨度较大的局部之间，镶以牙板、牙条、圈口、券口、矮老、霸王枨、罗锅枨、卡子花等（图2-27），既美观，又加强了牢固性。明代家具

图2-27

的结构设计，是科学和艺术的极好结合。时至今日，经过几百年的变迁，家具仍然牢固如初，可见明代家具的卯榫结构有很高的科学性。

(3) 装饰适度、繁简相宜。

明代家具的装饰手法可以说是多种多样的，雕、镂、嵌、描，都为所用。装饰用材也很广泛，珐琅、螺甸、竹、牙、玉、石等，样样不拒。但是，绝不贪多堆砌，也不曲意雕琢，而是根据整体要求，作恰如其分的局部装饰。如椅子背板上，作小面积的透雕或镶嵌，在桌案的局部，施以矮老或卡子花等（图2-28~图2-30）。虽然已经施以装饰，但是整体看，仍不失朴素与清秀的本色（图2-31、图2-32）。可谓适宜得体、锦上添花。

(4) 木材坚硬、纹理优美。

明代家具的木材纹理，自然优美，呈现出羽毛兽面等朦胧形象，令人有不尽的遐想。充分利用木材的纹理优势，发挥硬木材料本身的自然美，这是明代硬木家具的又一突出特点。明代硬木家具用材多数为黄花梨、紫檀、鸡翅木等，这些高级硬木，都具有色调和纹理的自然美（图2-33）。工匠们在制作时，除了精工细作而外，同时不加漆饰，不作大面积装饰，充分发挥、充分利用木材本身色调、纹理的特长，形成自己特有的审美趣味，形成自己的独特风格。

图2-24

图2-25　　　　　图2-26

图2-28 牙头

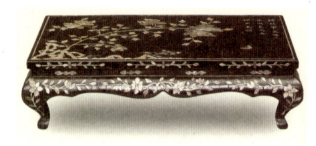

图2-31

图2-29

图2-32

图2-30 雕刻

黄花梨　　鸡翅木　　铁力木　　紫檀

图2-33

明代家具的风格特点，概括起来，可用造型简练、结构严谨、装饰适度、纹理优美四句话予以总结。以上四句话，也可说四个特点，不是孤立存在的，而是相互联系、共同构成了明代家具的风格特征。当我们看一件家具，判断其是否是明代家具时，首先要抓住其整体感觉，然后逐项分析。只看一点是不够的，只具备一个特点也是不准确的。这四个特点互相联系，互为表里，可以说缺一不可。如果一件家具，具备前面三个特点，而不具备第四点，即可肯定地说，它不是明代家具。后世模仿上述四个特点制的家具，称为明式家具。

二、清代家具

清代家具的风格特征：

1. 造型上浑厚、庄重

这时期的家具一改前代的挺秀，而为浑厚和庄重。突出为用料宽绰，尺寸加大，体态丰硕。清代太师椅和罗汉床的造型，最能体现清式风格特点（图2-34、图2-35）。它坐面加大，后背饱满，腿儿粗壮。整体造型像宝座一样的雄伟、庄重。其他如桌、案、凳等家具（图2-36、图2-37），也可看出这些特点，仅看粗壮的腿儿，便可知其特色了。

图2-35

图2-36

图2-34

图2-37

2．装饰上求多、求满、富贵、华丽

清中期家具特点突出，成为"清式家具"的代表作。清式家具的装饰，求多、求满、求富贵、求华丽。多种材料并用，多种工艺结合。甚而在一件家具上，也用多种手段和多种材料。雕、嵌、描金兼取，螺钿、木石并用（图2-38～图2-40）。此时家具，常见通体装饰，没有空白，达到空前的富丽和辉煌（图2-41～图2-44）。但是，不得不说，过分追求装饰，往往使人感到透不过气来，有时忽视使用功能，不免有争奇斗富之嫌。

图2-40

图2-38

图2-39

图2-41

图2-42

图2-43

图2-44

第二节 ///// 西方近代家具风格

一、巴洛克风格家具

17世纪在法国、意大利等国家流行的一种宫廷贵族艺术，它的特点是：豪华的装饰性、强调光线与色彩，大角度的透视与运动、强调享乐与激情、打破了古典艺术的和谐与宁静，表现手法的综合性、集建筑雕塑绘画于一体。法国巴洛克风格亦称法国路易十四风格，其家具（图2-45～图2-47）特征为：雄伟、带

图2-45

图2-46

图2-47

有夸张的、厚重的古典形式，雅致优美，重于舒适，虽然用了垫子，采用直线和一些圆弧形曲线相结合的矩形、对称结构的特征。采用橡木、核桃木等，家具下部有斜撑，结构牢固，直到后期才取消横挡。既有雕刻和镶嵌细工，又有镀金或部分镀金或银、镶嵌、涂漆、绘画，在这个时期的发展过程中，原直腿变为曲线腿，桌面为大理石和嵌石细工，高靠背椅，靠墙布置的带有精心雕刻的下部斜撑的蜗形腿狭台。装饰图案包括嵌有宝石的旭日形饰针，围绕头部有射线，在卵形内双重"L"形，森林之神的假面，"C"、"S"形曲线、海豚、人面狮身、狮头、橄榄叶、菱形花、水果、蝴蝶、矮棕榈和睡莲叶不规则分散布置及人类寓言、古代武器等。

二、洛可可风格家具

18世纪上半叶欧洲家具艺术以洛可可为主导，装饰图形包括了所有巴洛克风格的图形——枝叶、花卉、水果、贝壳等。花卉常常摆成"C"形和"S"形的旋涡曲线，形成一种非对称旋涡花饰，奇怪的动物面具图案与这些旋涡形式相混合。在巴洛克的基础上，装饰性更加豪华、繁复，用曲线形的花草、贝壳、旋涡纹样进行的装饰，有时不惜掩盖物体的功能。

洛可可追求苗条和纤细（图2-48、图2-49），腿

图2-48

是修长优雅的曲线，镶嵌图案小巧精美。细腻柔媚，常常采用不对称手法，喜欢用弧线和"S"形线，尤其爱用贝壳、旋涡、山石作为装饰题材，卷草舒花，缠绵盘曲，连成一体。

图2-49

三、新古典主义家具

古典影响占统治地位，家具更轻、更女性化和细软，考虑人体舒适的尺度，对称设计。带有直线和几何形式，大多为喷漆的家具。坐椅上装坐垫，直线腿，向下部逐渐变细，箭袋形或细长形，有凹槽。椅靠背是矩形、卵形或圆雕饰，顶点用青铜制，金属镶嵌是有节制的，镶嵌细工及镀金等装潢都很精美雅致，装饰图案源于希腊（图2-50、图2-51）。

图2-50

图2-51

第三节 ///// 20世纪西方家具的典范

从20世纪初到50年代的这段时间，可能是家具产生历史性的伟大变革时期。在发生的一系列美学运动后，形成并奠定了一直影响到现在的设计标准。最明显的例子如，在二战后工业化的发展，不仅解决了技术方面的问题，而且也满足了新的审美要求。这个时代让我们开始认识到家具也是件艺术作品，当时最出色的一部分设计师的作品至今仍陈列在世界上最好的博物馆里。这些出色的设计师，同时也是杰出的建筑师，他们给我们带来了技术、审美上的革新，使我们提高了今日的生活水平，使我们的生活环境呈现出现有的面貌。他们的名字伴随着20世纪，永记在历史中。由于新的制造技术和新材料的不断涌现，20世纪的家具设计产生了重大变革。几乎在20世纪的每个十年里，历史学、政治学、社会学和文化的综合因素都会影响到家具的设计，并且产生明显的年代层。

对20世纪来说，家具的分类更加明确，尤其是椅子作为家具的一种，由于其表现风格的多样性、灵活性，使得其成为能够体现社会变革的最重要的家具表现形式。

一、包豪斯学派

包豪斯对现代工业设计的贡献是巨大的，它开创了现代设计教育的基础，它培养的杰出设计师把现代工业设计推向了新的高度。

图2-52

图2-53

1. 布鲁耶

现代家具发展历程中最具突破性创造力的一位大师，他创造了一系列影响极大的钢管椅，开辟了现代家具新篇章。1925年布鲁耶从自行车的把手产生了钢管椅的设计创意，首创了世界钢管椅子的设计纪录，为了纪念抽象艺术大师瓦西里·康定斯基，他将这把椅子命名为"瓦西里椅"（图2-52）。椅子是用钢管构成支架，与人体接触部位采用帆布或皮革，体现了材料的特性。

"瓦西里椅"特点：被评为方块的形式来自立体派，交叉的平面构图来自风格派，暴露在外的复杂构架则来自结构主义。

2. 密斯·凡·德·罗

"少就是多（less is more）"，成为现代国际主义风格的设计信条。作品特点：整洁的骨架、几乎透明的外观、灵活多变的流动空间、简练而精致的细部。1928年提出的"少就是多"（最经济的原则，最简洁的构造，最简单的结构体系，最简约的空间形式），他终生追求的就是简练、纯净、精确、典雅的风格特色。"MR椅"（图2-53）以弯曲钢管制成的悬挑椅显然受到一两年前布鲁耶作品的启发，但却以弧形表现了对材料弹性的利用。密斯在这里的弧形构图令人

很容易回想起半个世纪以前的蒂奈特所设计的弯曲木摇椅，这件后来又被密斯以同样的构图手法直截了当地加上扶手，显得天衣无缝，更加高雅。1931年密斯又在最初"MR椅"的基础上设计出一系列的躺椅，同样很成功。这些高贵的设计造价也是昂贵的，但社会的需求始终不断，其变种系列亦在后来的生产中不断出现。

"巴塞罗那椅"（图2-54）是现代家具设计的经典之作，它的不锈钢构架呈弧形交叉状，既优美又功能化。尽管它的坐部宽大，但它的纤细线条轮廓使它显得更加优雅，整体构件都是手工完成，因而是一件不可多得的奢侈品。

图2-54

图2-55

图2-56

图2-57

图2-58

3．勒柯布西埃

被称为"现代主义之父"。他的家具设计被许多艺术博物馆收藏，至今仍是欧美高层人士家庭收藏的陈列家具珍品。

"大安椅"（图2-55）立体式组合紧压设计的扶手椅。在这把扶手椅的构造中，布垫、支撑架由于在外围放置了镀铬钢管骨架而被包围起来，像鸟笼一样，这种骨架支撑着坐部，侧面和靠背四大块柔软的垫子，这些垫子可以改换位置，因此磨损程度均衡，外围的架子可防止椅身受损。这既是一件高贵家具，又是一件使用非常方便的家具。

4．赖特

现代主义建筑设计大师，"有机建筑"的创始人。赖特对现代建筑有很大的影响，他设计的许多建筑受到普遍的赞扬，是现代建筑中有价值的瑰宝。同时，在家具设计方面也体现其设计思想（图2-56～图2-58）。

二、北欧设计风格——斯堪的纳维亚

有着独特的地理位置和悠久的民族文化艺术传统。在艺术设计领域至今一直保持着自己的艺术特色、设计的文化品质和艺术精神。

在北欧五国，设计倾向于一种手工艺观念和工业设计的混合体，这使得北欧的家具、陶瓷、灯具和纺织等工业颇有特色。它们意味着简朴、制作精良的形状和形式，带有一种温和高雅的几何形态。天然材料和明亮的色彩是中产阶级式的，却又是民主大众化的。

与任何可辨认的风格相比，20世纪初以来的北欧设计更能代表一种生活方式：无论过去还是现在，设计都是用来配合人类及其环境进入自然状态的。斯堪的纳维亚产品反映了其价值观：物品必须与人的比例和舒适（人体工学）、需求（功能主义）和精神（美观）相关联。

北欧设计思想可以归纳为几个方面：重视产品的经济法则和大众化设计，即价廉物美；强调有机设计思想和产品的人情味，善用自然材料（北欧习惯采用某些有机形态如弯曲线和原始材料如木材）的设计，被称为有机功能主义；提出以人体工学为原则进行理性设计，突出功能性。

北欧的家具设计闻名于世，其中最为著名的是家具的弯木生产工艺。设计师非常注重木材的加工处理，被称为"有机功能主义"。北欧家具形式简洁、木纹光亮而无过分修饰。

1. 阿尔瓦·阿尔托

最活跃的建筑师、城市规划师和设计师，芬兰设计的先驱。他提出要走德国人的理性主义道路，而不用德国人的简单的几何外形，他对现代建筑杰出而又独特的贡献，使他赢得了设计大师的称号。

当代最具影响的设计大师之一，开创了现代斯堪的纳维亚设计风格，他采用蒸汽弯木的新技术设计和制造家具，在现代家具设计上具有非常重要的突破和贡献，他设计了一系列既有品位，又非常人性化、大众化的现代主义家具杰作（图2-59、图2-60），达到了功能与形式的完美统一，又包含着温馨的人文主义。

如41号椅（图2-61），这是北欧风格最具魅力的弯曲木椅，它以人体曲线为造型依据，以胶合板模压成型，就座时两面三刀端弯圈产生弹性，被称之为"无弹簧"软木椅。

扇形凳（图2-62），是阿尔托在家具腿形上的一个创造。利用90°的弯曲木腿，按图锯成等腰18°，

图2-59

图2-60

图2-61

图2-62

然后将5个同样的弯曲木腿用圆棒榫连接起来，成为一个扇形腿。在两个90°弯腿之间各切去一个45°角，然后拼装起来，就成"Y"形腿。这是阿尔托在现代家具设计上的又一大贡献，至今仍在应用。

2．阿纳·雅各布森（Arne Jacobsen）

20世纪50年代具有国际影响的家具设计师阿纳·雅各布森是丹麦现代设计的重要代表人物。他的家具多使用现代材料和现代成形工艺，但造型则更趋于有机形态。雅各布森设计活动的旺盛期是50年代。在家具设计上，他以人体工程学的尺度为依据，将刻板的功能主义形式转变成优雅的形式。1952年他以热压的方法，将胶合板弯曲成一个整体的曲面，制作成一张钢管腿支撑的胶合板椅子（图2-63），1959年他采用玻璃纤维设计出了具有雕塑般美感的蛋形椅和天鹅椅（图2-64），成为他的代表作，并且直接引发了60年代新风格的出现。这种椅子可一次模压成型，具有强烈的雕塑感，色彩也十分艳丽。

3．汉斯·韦格纳

丹麦20世纪最伟大的家具设计师之一。他与其他丹麦家具设计师一样，本身就是手艺高超的细木工，因而对家具的材料、质感、结构和工艺有深入的了解。这正是他成功的基础。他的设计很少有生硬的棱角，转角处一般都处理成圆滑的曲线，给人以亲近之感（图2-65）。他的设计代表着现代丹麦制造家具的最高水平。他设计了数不尽的椅子，一流的技术和细致、纯熟的制作工艺使他受到同行业乃至全世界的家具设计师及家具爱好者的尊敬。在他漫长的设计生涯中，最有名的设计是1949年设计的名为"椅"（The Chair）的扶手椅（图2-66），它使得韦格纳的设计走向世界，也成了丹麦家具设计的经典之作。韦格纳早年潜心研究中国家具，设计的系列"中国椅"就吸取了中国明代椅的精华（图2-67）。

图2-63

图2-64

图2-65

图2-66

图2-67

图2-68

图2-69

图2-71

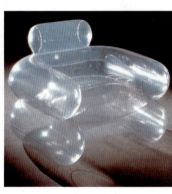

图2-70

图2-72

侍从椅（图2-68）的椅靠背是个衣架设计，在支撑上是三条腿，后腿与靠背板的优美曲线一气呵成，堪称突破性的坐椅设计。

4．沃纳·潘顿

曾在丹麦欧登塞技术学院和哥本哈根皇家美术学院学习。他在家具设计中，执著地追求抽象几何造型的构成和对新材料新技术的研究，创造许多划时代的家具作品。50年代与雅各布森合作，并受其影响，潘顿的"S"形堆叠椅（图2-69、图2-70）是第一张单体模压玻璃纤维椅的实例。一次模压成型，造型别致，具有强烈的雕塑感，色彩艳丽，有多种颜色，至今享有盛誉，被纽约现代艺术博物馆永久收藏。

三、20世纪后期家具设计

风格多元化，对设计主题文化、环境、生态和个性更感兴趣，是这一时期的主要设计特点，具体表现为：

（1）聚丙烯的技术工艺启发了设计方案，由此诞生了一把可以拆卸、堆积和容易使用的椅子（图2-71）：它仿佛一个模块，可以在空间中组合和重叠，因而也变成了一种游戏以及孩子们造房子的一个元件。

（2）沙发重、结实、耐用，而Blow名副其实地把它变成了动态的东西：轻、经济、容易移动、可压缩得极小，充气扶手椅（图2-72）的形状具有波普口味。

图2-73

图2-74

图2-76

（3）设计Sacco（袋）时，设计师认为它应成为一个"解剖扶手椅"，轻和易搬：一个与时代气息相吻合的"非形象"物体（图2-73），能对波尔乔亚家居中一些僵硬死板的款式构成批判，并能根据人的坐姿的不同而改变形状。

（4）"二战"期间得到迅速发展的美国工业技术很快就适应了和平时期的需要，许多用于战争的新技术成果很快就在消费品的设计与生产方面找到了广泛的用途。在欧洲来的设计师与建筑师的帮助下，美国现代家具用金属和塑料新材料，用新型胶板、新的弯曲技术、新的浇铸技术，开创了"雕塑式"有机家具的新领域，跳出了布鲁尔式、阿尔托式的两维传统模式，推出了三维薄壳的家具新式样。

伊姆斯是美国最杰出、最有影响的家具与室内设计大师之一。他与沙里宁一起全力从事三维成型模压壳体家具设计，获1940年纽约现代艺术博物馆"有机家具设计"一等奖。DAR壳体椅等一系列作品是20世纪50年代中最杰出的椅子，是造型、功能和制造工艺最完美结合的体现（图2-74）。这一时期的主要设计作品及设计师有：

1. 后现代古典主义大师——文图里

文图里是被誉为"后现代主义理论主义"的建筑

图2-75

大师，也是后现代古典主义的代表人物。文图里在家具设计领域内的最大成就是他为Knoll公司设计的一系列椅子。椅子的色彩与装饰图案丰富多彩，不同的颜色、图案与九种基本造型结合，就可以形成千变万化的组合。使用最多的是一种称作"老祖母的图案"（图2-75）。文图里打破传统与现代设计界线的目的，使古典风格的装饰元素适应于现代家具设计。

2. 532 Broadway（百老汇）

其设计是这样的：在休息状态，即无人坐在上面时，它给人的感觉相对比较稳定，当有人坐在上面时，它马上就会摇动、波动、晃动，这是因为它的脚是弹簧，它们插在黑尼龙脚垫中（图2-76）。

3. 索特萨斯

索特萨斯的设计给人留下了许多思考。他的代表作是看起来有些奇形怪状的书架,使用了塑料贴面,颜色鲜艳,极像一个抽象的雕塑作品,并不完全具有书架的功能(图2-77)。

4. 来自蝴蝶飘逸轻灵的灵感——楠娜蒂兹尔的家具设计

楠娜蒂兹尔是丹麦最典型、资格最老的女设计师,她投身设计的年龄比最年轻的设计师还要小,用她自己的话来说:"好像甚至还没有站稳脚跟"。在她50多年的设计生涯中,楠娜蒂兹尔创作了许多杰出的作品,包括家具、纺织品、首饰、展示设计等多个领域。在晚年,她集中精力研究椅子设计,包括技术、材料、造型和功能,特别注重"以人为本"设计椅子,受到美丽的蝴蝶的启发,她把蝴蝶飘逸轻灵的灵感应用于设计之中,创造了一系列用优美弧形构成如翅膀般的轻灵的椅子造型(图2-78),为丹麦现代家具设计带来了新型的设计思想,表现出她非凡的艺术才干和幽默感。

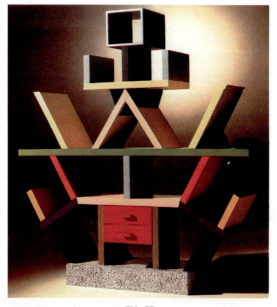

图2-77

图2-78

[复习参考题]
◎ 我国明代家具的特点是什么?
◎ 北欧现代家具设计思想是什么?

第二章 家具造型设计基础

本章重点 ↗

通过本章的教学，要求学生掌握家具的形式要素及其构成法则、家具的色彩要素与配色原理、家具的肌理要素与肌理设计方法、家具的装饰要素与装饰设计方法。学生掌握这样一些艺术的原理和方法，合理地运用，才能在今后设计实践中创作出符合人们审美需求的家具作品。

学习目标 ↗

掌握家具设计的形式要素和构成基本规律。基本把握家具设计的色彩原理。

建议学时 ↗

讲授4学时，课程实践包括讲评6学时。以2～3个家具设计作品为例，运用本章所有知识对每个作品进行综合分析。

第三章　家具造型设计基础

制造的首要环节。家具设计主要是包含两个方面的内涵：一是外观造型设计，二是生产工艺设计。特别是现代家具是科学性与艺术性的完美统一，物质与精神的辩证统一。家具设计尤其是造型设计更多的从属于艺术设计的范畴，所以，我们必须学习和运用艺术设计的一些基本原理的形式美规律，去大胆创新、探索和想象，设计创造出新的家具造型，使新的家具样式更时尚，开拓新的家具市场。更重要的是，用新的家具设计为人们创造更新、更加美好、更高品质、更加合理的生活方式。

分析家具造型便可以看出，家具的造型是由形式要素、色彩要素、肌理要素、装饰要素等决定的。家具造型的"形式要素"决定了家具的"形状"性质，它不仅赋予了家具的功能，同时也赋予了家具的形式美；家具造型的"色彩要素"、"肌理要素"决定了家具造型的外观性质，它们赋予了家具造型典型的艺术美；家具造型的"装饰要素"在赋予家具艺术美的同时，更多的是赋予了家具特殊的文化意义。这些才是家具"造型"意义的全部。

第一节 ///// 家具的形式要素

"形式"是指通常人们所说的"形状"，它包括形态要素的空间组合形式和秩序。基本形态要素包括点、线、面、体、空间等几种；每一种复杂的形态都可以分解成单一的各种基本形态要素；反过来，各种不同的形态基本要素的组合便构成了不同的形态。因此，讨论形态构成的问题最终落实到对基本形态要素的分析和它们之间的组合构成方式的问题上。

一、 点在家具造型中的应用

在家具造型中，点的应用非常广泛，它不仅作为一种功能结构的需要，而且也是装饰构成的一部分（图3-1～图3-4）。如柜门、抽屉上的拉手、门把

图3-1

图3-2

图3-3

图3-4

图3-5

图3-7

图3-6

图3-8

手、锁具、沙发软垫上的装饰包扣，以及家具的五金装饰配件等（图3-5、图3-6），相对于整体家具而言，它们都以点的形态特征呈现，除了具有功能性以外，还具有很好的装饰效果。

二、线在家具造型中的应用

线材是以长度单位为特征的型材。无论直线或曲线均能呈现轻快、运动、扩张的视觉感受。当形态在长度与截面比例的悬殊较大时，无论其形态是具象还是抽象，是单体还是组合，都具有线的视觉特征和视觉属性（图3-7、图3-8）。在家具设计中，线的形态运用到处可见，从家具的整体造型到家具部件的边线，从部件之间缝隙形成的线到装饰的图案线。线是家具造型设计的重要表现形态，是构成一切物体轮廓形状的基本要素。家具中的线表现为多种方式。家具的整体轮廓线可以是直线、斜线、曲线以及它们的混合构成（图3-9、图3-10）；家具的零部件可以以线的状态存在，如腿脚、框架等（图3-11～图3-16）；板式家具板件的端面如侧板的突起、板件与板件之间的缝隙在外观上也是线；家具的一些功能件、装饰件也常常是以线的形式出现的（图3-17～图3-19）。

图3-9

图3-10

图3-11

图3-12　　　　　　　　　图3-13

三、面在家具造型中的应用

面材通常指组成家具的某一部分如桌面、柜面等，其平面面积比厚度大很多的材料。家具设计里，面具有两种含义，即作为容纳其他造型元素的装饰面和作为单纯视觉元素的面。面在造型中表现为形，如正方形、长方形、三角形等几何图形，以及非几何图形、自由图形等。不同形状的面具有不同的情感特征。如正方形、圆形和正三角形这些以数学规律构成的完整形态具有稳定、端正的感觉（图3-20～图3-23）。其他形体则显得丰富活泼，具有轻快感（图

图3-14　　　　　　　　　图3-15

图3-16　　　　　　　　　图3-17

图3-18　　　　　　　　　图3-19

图3-20　　　　　　　　　图3-21

图3-23

图3-22

图3-24

图3-25

3-24～图3-26）。除了形状外，在家具中，面的形状还具有材质、肌理、颜色等特性，给人以视觉、触觉等不同的感受（图3-27）。

四、体在家具造型中的应用

体是设计、塑造家具造型最基本的手法，在设计中掌握和运用立体形态的基本要素，同时结合不同的材质肌理、色彩（图3-28），以确定表现家具造型是非常重要的设计基本功。在家具造型设计中，正方体和长方体是用得最广的形态，如桌、椅、凳、柜等（图3-29、图3-30）。在家具造型中多为各种不同形状的立体组合构成的复合形体（图3-31～图3-33），在家具中立体造型中凹凸、虚实、光影、开合等手法的综合应用，可以搭配出千变万化的魔法一样的家具造型。

图3-26

图3-27

图3-28

图3—29

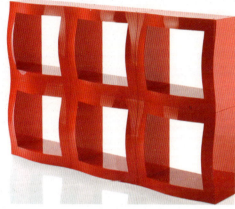

图3—30

图3—31

图3—32

图3—33

第二节 ///// 家具的色彩要素与配色原理

色彩作为家具形态中的一种，与功能、造型、装饰、结构、材料等其他形态类型共同塑造家具的独特魅力。色彩形态和造型形态更是能在第一瞬间捕捉人的视线，吸引人们的注意力。

色彩在家具中本身不能独立存在，它必须依附材料和造型，在光的作用下才能呈现。如各种木材丰富的天然本色与木肌理，鲜艳的塑料、透明的玻璃、闪光的金属、染色的皮革、染织的布艺、多彩的油漆等。从一件完美的家具来看，通过艺术造型、材质肌理、色彩装饰的综合构成，传递着视觉与触觉的美感信息，在现代家具设计的范畴里，视觉因素与心理因素、触觉因素与生理因素二者互为因果关系，是现代家具设计重要的一环，两者分担着人类的精神文明与物质文明生活。

家具色彩主要体现在木材的固有色，家具表面涂饰的油漆色，人造板材贴面的装饰色，金属、塑料、玻璃的现代工业色及软体家具的皮革、布艺色等。

一、木材固有色

在今天，木材仍然是现代家具的主要用材。木材作为一种天然材料，它的固有色成为体现天然材质肌理的最好媒介。木材种类繁多，其固有色也十分丰富，有淡雅、细腻，也有深沉、粗犷，但总体上是呈现温馨宜人的暖色调。在家具应用上常用透明的涂饰以保护木材固有色和天然的纹理（图3-34～图3-36）。木材固有色具有与环境与人类自然和谐，给

图3-34

图3-35

图3-36

图3-37

图3-38

人以亲切、温柔、高雅的情调，是家具恒久不变的主要色彩，永远受到人们的喜爱（图3-37、图3-38）。

二、家具表面油漆色

家具大多需要进行表面深涂油漆，一方面是保护家具以免大气光照影响，延长其使用寿命；另一方面，家具油漆在色彩上起着重要的美化装饰作用（图3-39～图3-41）。家具深涂油漆分两类，一类是透明涂饰；另一类是不透明涂饰，同时又分有亮光和亚光两类。

三、人造板贴面装饰色

随着人类环境意识的提高，在现代家具的制造中，大量地使用人造板材。因此，人造板材的贴面材料色彩成为现代家具中的重要装饰色彩（图3-42～图3-44）。人造板贴面材料及其装饰色彩非常丰富，有高级珍贵天然薄木贴面，也有仿真印刷的纸质贴面，最多的是（PVC）防火塑面板贴面。这些贴面人造板对现代家具的色彩及装饰效果起着重要作用，在设计上可供选择和应用的范围很广，也很方便，主要根据设计与装饰的需要选配成品，不需要自己调色。

图3-39

图3-40   图3-41   图3-42

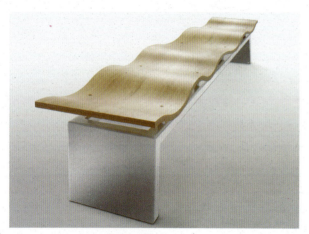

图3-43

图3-46

图3-44

图3-47

图3-45

图3-48

图3-50

图3-49

图3-51

四、金属、塑料、玻璃的现代工业色

现代大工业标准化批量生产的金属、塑料、玻璃家具充分体现了现代家具的时代色彩（图3-45～图3-48）。金属的电镀工艺，不锈钢的抛光工艺，铝合金静电喷涂工艺所产生的独特的金属光泽，塑料中鲜艳色彩，玻璃中的晶莹透明，这几类现代工业材料已经成为现代家具制造中不可缺少的部件和色彩，随着现代家具的部件化、标准化生产，越来越多的现代家具是木材、金属、塑料、玻璃等不同材料配件的组合，在不同的材质肌理上装饰色彩，显露出相互衬托、交映生辉的艺术效果。

五、软体家具的皮革、布艺色

软体家具中的沙发、靠垫、床垫在现代室内空间中占有较大面积，因此，软体家具的皮革、布艺等覆面材料的色彩与图案在家具与室内环境中起到非常重要的作用（图3-49、图3-50）。特别是随着布艺在家具中使用的逐步流行，现代纺织工业所生产的布艺种类及色彩极其丰富多彩，为现代软体家具增加了越来越多的时尚流行色彩，因此现代家具设计师非常需要注意的是选配的装饰色彩和用料（图3-51）。

第三节 ///// 家具的肌理要素与肌理设计

　　自然界中的任一物体表面都具有其特殊构造而形成的表面特征，人们从视觉和触觉上能感受到材料表面的粗细、软硬、轻重、冷暖、透明等，这种对材料表面质地的感觉被称为质感。在日常生活中，人和家具的接触密切、频繁，材料的纹理、质地总会吸引人去观看触摸。因此，材料的质感在家具造型设计中有重要地位。

　　对于家具质感的设计，可以从两个方面来考虑：一是利用材料本身所具有的天然质感，如木材、玻璃、金属、皮革、布料、竹藤等，由于其本质不同，人们可以轻易地区分和认识，并根据各自的品性加以组合设计，搭配应用。二是指同一种材料不同的加工处理，可以得到不同的机理效果。如对木材不同的切削加工，可以得到不同的纹理效果（图3-52）；对藤竹的不同编织处理，可以得到图案的艺术效果（图3-53）。由于人类长期触觉经验的积累，许多触觉感受都转化为视觉的间接感受（图3-54）。

图3-52　　　　　　　　　　图3-53　　　　　　　　　　图3-54

第四节 ///// 家具的装饰要素与装饰设计

　　家具的装饰形态是指由于家具的装饰处理而使家具具备的形态特征。

　　各种装饰形态在家具设计中的应用也是由来已久，早在古埃及时期，几何化的装饰元素普遍地应用于各类家具的界面中，并形成一种夸张、单纯、生动、秩序的艺术风格（图3-55）。家具的装饰形态强化了家具形式的视觉特征，赋予了家具的文化内涵，折射了设计的人文背景，使家具整体形态在室内环境中发挥装饰的作用，并增添了家具的装饰内容及观赏价值（图3-56、图3-57）。

图3-56

图3-55

图3-57

家具装饰的方法很多，总的说来有表面装饰和工艺装饰两种。所谓表面装饰是指将一些装饰性强的材料或部件直接贴附在家具形态表面，从而改变家具的形态特征（图3-58）。如木质家具表面的涂饰装饰，家具局部安装装饰件等都属于这一种。所谓工艺装饰是指通过一定的加工工艺手段赋予家具表面、家具部件一些装饰特征，如板式家具人造板表面用木皮拼花装饰，在家具部件上进行雕刻处理，使其具有一定的图案，在家具部件上进行镶嵌处理，将一些装饰性好的材料或装饰件与家具部件融为一体（图3-59、图3-60）。

图3-59

图3-58

图3-60

[复习参考题]

◎ 家具色彩主要体现哪几个方面？

◎ 家具的质感设计要考虑哪些方面的因素？

第四章　家具的材料与构造

本章重点 》

通过本章的教学，让学生了解各种材料家具的运用，传统木质家具的结构，掌握现代木质家具的基本构造与形式，现代板式家具的构造与形式，非木质家具的构造与形式。

学习目标 》

掌握各种家具材料的使用方法，把握各种家具的结构形式规律。

建议学时 》

讲授8学时，命题设计6学时。设计一件衣柜580×900×1800H，运用32mm系统知识，绘制加工图纸。

第四章　家具的材料与构造

第一节 ///// 家具设计的语言表达

家具设计艺术不同于绘画等平面艺术形式的根本点就在于家具设计对于物质技术手段的依赖性。其中，材料就是影响家具设计艺术的主要因素之一。从某种意义上说，材料是家具艺术创造的重要条件，是家具艺术得以具体体现的物质基础。木家具的清新自然，金属家具的清秀隽永，玻璃家具的玲珑剔透，布艺家具的轻盈温柔，无不体现着各种材料的无穷的艺术魅力。同时，家具材料也是家具艺术发展的重要见证。对于木材的极致使用，折射出传统家具的无穷辉煌，胶合板的出现和金属材料的使用标志着现代家具设计的开端，对自然材料的追忆与回归，又启动了后现代家具设计的步伐。从事家具设计艺术的人们，总是在不断地运用材料，改造材料。家具的分类形式可谓多种多样，如按材料分类、按基本功能分类、按基本形式分类、按使用场所分类、按放置形式分类、按结构形式分类等，通常习惯按家具按材料分类，便于我们理解家具的材料属性特性和结构。

一、木材家具

木材是传统家具使用最主要的材料，由于木材来源比较广泛且易于加工，装饰效果好，因此在中外家具制造中被广泛使用，乃至于在当今的工业信息化时代，我们使用的家具材料，木材仍然占有较大的比重（图4-1～图4-4）。

图4-1

图4-2

图4-3

图4-4

图4-5

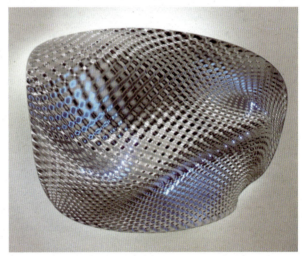

图4-6

二、金属家具

在当今社会，金属家具越来越多地出现在人们的生活当中，它以其材料本身具有较好的韧性、弹性、塑性和稳定性，除其本身固有的形态、可回收再利用的环保的特性外，还可以加工成各种各样的形状，以满足人们对家具个性化的要求。从目前国内外家具市场来看，金属家具的市场占有率还是比较低，还有较大的发展空间。未来若干年，随着人们生活水平的提高，追求卓越、强调个性、展示自我，清新、自然、环保、融合时代气息和显示品位的金属家具将成为市场的主流之一（图4-5、图4-6）。

三、塑料家具

塑料家具：塑料家具是以聚乙烯或聚氯乙烯为原料，压制而成的家具。塑料家具具有轻便、宜于造型、色彩明快的特点，流行的塑料家具有桌、椅、床、架和厨房用具（图4-7、图4-8）。

塑料是由分子量非常大的有机化合物所形成的可塑性物质，具有质轻、坚固、耐水、耐油、耐蚀性高，光泽与色彩佳，成型简单，生产效率高，原料丰富等许多优点。特点是很容易成型，变成坚固和稳定的形式。由于这个原因，塑料家具几乎常常由一个单独的部件组成，不用结合或连接其他构件，它的功能与造型已摒弃以往木材和金属家具的形式，而有创新的设计。

塑料的品种、规格、性能繁复多样，家具对塑料合理选用也就成为设计和加工的重要环节。目前用于家具制作的塑料有下列五种。

1. FRP成型家具

FRP中文译为玻璃纤维塑料，商品名称"玻璃钢"，是强化塑料种类之一，由玻璃长纤维强化的不饱和多元酯、酚甲醛树脂、环氧树脂等组成的复合材料，具有优异的机械强度，具质轻、可任意着色、成型自由、成本低廉等优点，因而取得"比铝轻、比铁强"的美誉，可以取代木材等传统材料，它可以单独成型制作椅凳，而更多的是制成坐面和靠背构件与钢管组成各种类型的椅凳、用于公共建筑家具，也可用于软垫椅凳坐面、靠背的基层，代替木制框架和板材，或用于组合桌椅的腿支架、代替铸铁支架等。

2. ABS成型家具

ABS树脂又称"合成木材"，是从石油制品炼出来的丙烯脂、丁二烯、苯乙烯三种物质混合而成一种坚韧的原料，通过注模、挤压或真空模塑制造成型，

图4-7

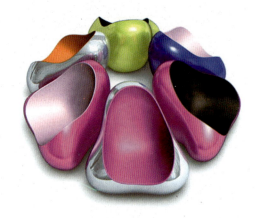

图4-8

具有质地轻巧强韧，富有耐水、耐热、防燃以及不收缩、不变形等优点，比起自然木材要强得多。用于制造小部件和整个椅子框架部件。

3. 高密度聚乙烯

聚乙烯树脂(Polyethylene，即PE)由乙烯气合成，为日常生活中用得最多的塑料，分高压、中压、低压三种。有良好的化学稳定性和摩擦性能，质地柔软，质量比水轻，耐药品性和耐水性皆佳，但低密度者耐

热性低，高密度者可做整体椅子，更多是用来制作公共建筑中组合式椅凳的坐面和靠背构件，与金属构件共同构成成组成排的坐用家具。

4. 泡沫塑料

泡沫塑料(Plastic Foams)是一种发泡而成的多孔性物质。原料是聚氨基甲酸酯泡绵(Polyurethane Foams)，这种材料应用的范围很广，依其物性不同可分为软质、硬质和半硬质泡沫塑料。软质泡沫塑料气垫性优异，适用于软垫家具。硬质泡沫塑料由单独气泡构成，用作隔音、隔热的板材。由于这种材料具有优异的接着性，可在现场发泡成型，只要注入已缝好软垫内套两种成品原料于套内，几分钟之后即已发泡膨胀成型，内套成型后再包装外饰面材料。

5. 亚克力树脂

亚克力树脂即丙烯酸树脂，一般皆指甲基丙烯酸的甲酯(Methylester)重合体。化学玻璃和有机玻璃是它的商品名称。主要特点是无色透明、坚韧、耐药品性与耐气候性皆良好，像玻璃一样透明的原料。形状有各种厚的板材，圆柱形的管材。可以浇注，但在家具生产中最常用的还是成品原料通过切割，加热弯曲，用黏合剂或机械连接的方法组装。

亚克力早在19世纪末即已发明，作为家具材料是在1965年以后的事，目前在国外已生产出以螺钉栓接加热成型的压克力钢管椅，也有经过切割加热折叠成型，完全不用胶连接及螺钉的全亚克力坐椅。其他尚有利用铰链、螺钉接合的桌、橱架、餐具推车、办公桌椅及客厅家具等。

四、藤竹家具

藤竹家具是以藤、竹等为基材编扎而成的家具。藤竹家具轻便、舒适，而且色彩雅致，造型独特，有一种淳朴自然的美感，颇受人们的青睐（图4-9～图4-12）。

图4-9

图4-10

图4-11

图4-12

五、软体家具

软体家具是以木质或其他材料作为骨架，以弹簧、天然纤维、泡沫塑料或高压气、高压水作为软质材料的家具，在我们日常生活中常见的有沙发、沙发椅、沙发床垫、水床等（图4-13～图4-16）。

图4-14

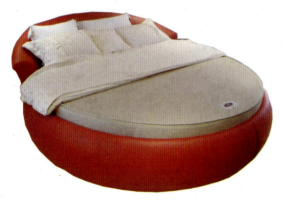

图4-13

图4-16

图4-15

六、玻璃家具

家具正在走向多种材质组合，以玻璃为主导性的家具越来越多，如玻璃与不锈钢金属、玻璃与铝合金、与木材等，这些组合大大地增加了家具的装饰性和观赏性（图4-17、图4-18）。

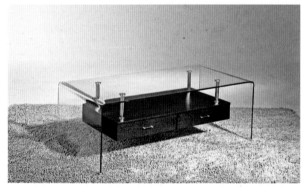

图4-17

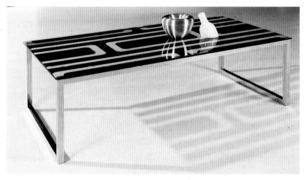

图4-18

七、石材家具

用天然大理石、花岗岩或人造大理石等为基材加工而成的家具，在现代一些高级家具中，利用大理石或花岗岩的天然肌理作为装饰作用，镶嵌在高档家具的床屏上、桌面上等（图4-19、图4-20）。

图4-19

图4-20

八、纸家具

纸家具是以一定浓度的纸浆，加入适量化学助剂，在带有滤网的模具成型机中，通过真空或加压的方法使纤维均匀分布在模具表面，从而形成具有拟定几何形状与尺寸的湿纸模坯，经过进一步脱水脱模、干燥、整饰而成的家具制品。用纸作为家具材料，不但可以节约木材、拯救森林、保护自然生态环境，还可以使制成的纸质家具具有款式摩登、价格低廉、无污染、舒服而且耐用度好等优点；由于纸质家具具有设计简单、颜色鲜艳且使用时与木家具一样舒适的特性，因此，在崇尚天然、环保、健康家居的潮流下，纸质家具必将成为家具业新宠（图4-21、图4-22）。

图4-21

图4-22

第二节 ///// 传统木质家具的基本构造

传统木质家具采用手工加工榫接合结构。以明式家具为代表的传统木质家具的榫接合有出头榫、明榫、暗榫三种。传统木质家具榫接合一般不用或很少用黏合剂，即便是使用黏合剂，也因胶合力与耐久性不足而无法过度依赖黏合剂，必须根据零件的构造与力学特征，采用合理的榫头、榫眼配合。

榫接合是指榫头压入榫眼或榫槽的接合，其各部位的名称如图4-23。

常见榫的一般结合方式如图4-24、图4-25。

传统木质家具的宽幅板件是由多块窄幅实木板拼接而成的。常用的拼接方法有普通平拼、斜面平拼、裁口拼、木梢或竹梢拼、双梯形榫拼、穿条拼等（图4-26）。

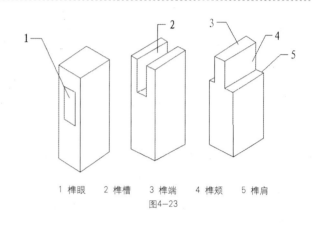

1 榫眼　2 榫槽　3 榫端　4 榫颊　5 榫肩
图4-23

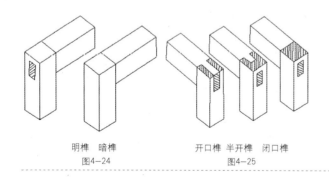

明榫　暗榫
图4-24

开口榫 半开榫 闭口榫
图4-25

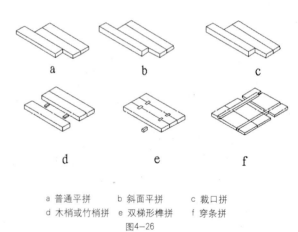

a 普通平拼　　b 斜面平拼　　c 裁口拼
d 木梢或竹梢拼　e 双梯形榫拼　f 穿条拼
图4-26

第三节 ///// 现代家具的构造与形式

随着现代化大工业生产的不断发展，家具产品部件化生产成为家具工业化生产主流，传统家具的榫卯结构已不能满足工业化生产的要求，榫接合逐步被五金件接合所替代。现代木质家具采用五金连接件接合结构．或是采用五金连接件与机械加工榫接合混用结构。

一、现代实木框式家具结构与形式

传统实木家具都为框架式结构，而现代实木家具有框架式结构和板式结构。传统的实木家具结构几乎都不能拆装，而现代实木家具考虑到库存到流通成本等因素，往往要求家具的结构能拆装、待装或自装配。即便家具的造型与材料相同，只要装配要求不同，其结构也就不同。家具的构成受功能与材料的影响很大，不同用途的家具，各有自身的基本构成规律。下面通过对椅类、桌类、柜类家具的典型结构进行实例分析。

1. 椅类家具结构

通过同一把椅子来说明不同装配要求下的椅子结构。

非拆装式椅子的典型结构——椅子的框架零件间采用直角榫接合，坐面板用木螺钉与椅子的前后、左右望板连接（图4-27）。

图4-27 非拆装式椅子的结构

采用拆装、待装或自装配结构是缩小椅子包装体积的惯用方法。椅子拆分应遵循包装体积小、装配简捷、节约成本等基本原则。常用的椅子拆分方法有左右拆分法、前后拆分法、上下拆分法。前后拆分法适用于靠背部分零件多、结构复杂的椅子。上下拆分法适用于脚架部件或底座部件、坐面连靠背的部件整体度较高、难以拆分的椅子。左右拆分法适用于上述两种情况以外，特别是针对强度要求高的椅子。图4-28是拆装结构一个实例。

采用左右拆分法将椅子分解成几个部件或零件（图4-29）。

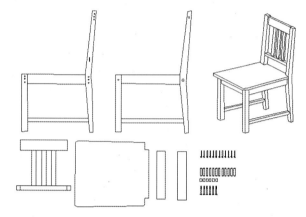

图4-28 拆装式椅子的零部件与连接件

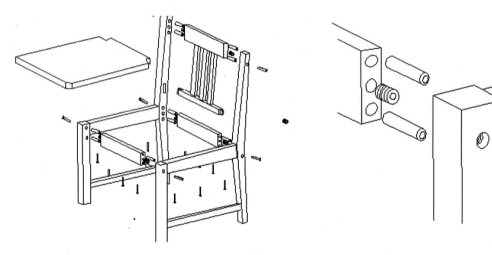

图4-29 （左右拆装）拆装式椅子结构

采用前后拆分法将椅子分解成几个部件或零件（图4-30）。

2.柜类家具结构

传统实木柜通常由旁板部件、背板部件、门板部件、顶板部件、底板部件、底座部件、隔板等零件、抽屉等功能部件组成（图4-31）。

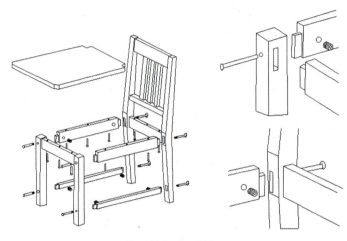

图4-30 （前后拆装）拆装式椅子结构

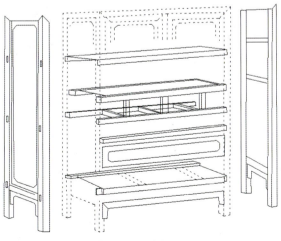

图4-31 衣柜拆装结构

二、现代板式家具结构与形式

主体结构件为板件的家具称为板式家具，把组成板式家具的结构板件称为板式部件。板式部件的主要原材料有中密度纤维板、刨花板、胶合板、细木工板、集成板、空心覆面板等，这些原材料的形状、尺寸、结构及物理力学等特性决定了板式家具特有的接合方式。板式家具应用各种五金连接件将板式部件有序地连接成一体，形成了结构简洁、接合牢固、拆装自由、包装运输方便、互换性与扩展性强、利于实现标准化设计、便于木材资源有效利用和高效生产的结构特点。

板式家具五金连接件概述：

板式家具五金件的品种十分繁多，据不完全统计品种多达上万余种，但归纳起来大致有装饰五金件、结构五金件、特殊功能五

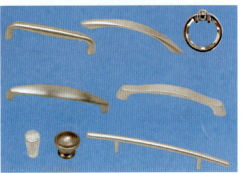

图4-32 拉手与扣手、装饰盖帽和盖板

金件三大类。

　　装饰五金件一般安装在板式家具的外表面，主要起装饰与点缀作用。典型的品种有拉手与扣手、表面装饰贴件、装饰镶边条、装饰盖帽与盖板等（图4-32）。

　　结构五金件是指连接板式家具骨架结构板件、功能部件的五金件，是板式家具中最关键的五金件。结构五金件根据作用又可分为紧固连接五金件、位置调节五金件、活动连接五金件、吊挂支托五金件四大类（图4-33～图4-36）。

图4-35　铰链——活动连接类五金件

图4-36　滑轮——不锈钢脚吊挂支托类五金件

　　特殊功能五金件指的是具有除装饰与结合以外作用的其他五金件。典型有锁具、托盘、挂物架等（图4-37a、b）。

图4-33　偏心连接件——紧固连接类五金件

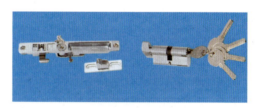

图4-37 a 柜锁

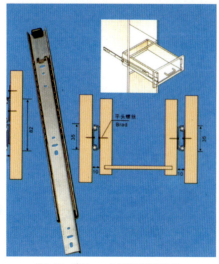

图4-34　滑轨——位置调节类五金件

图4-37 b 门锁

三、现代板式中32mm系统及应用

1. 32mm 系统的特点

32mm系统以32mm为模数的，制有标准"接口"的家具结构与制造体系。这个制造体系的标准化部件为基本单元，可以组装为采用圆榫胶接的固定式家具，或使用各类现代五金件连接的拆装式家具。

"32mm系统"需要零部件上的孔间距为32mm的整数倍，即应使其"接口"都为32mm的整数倍，接口处都在32mm方格网点上，至少应保持平面坐标系中有一致方向满足要求，从而保证实现模块化并可用排钻一次打出，这样可提高效率并确保打眼儿的精度。

2. 32mm 系统的规范

(1) 板式部件是板式家具的基本单元。

(2) 旁板是板式家具的核心部件，门、抽屉、顶板、面板、底板及隔板等能通过拆装式五金件连接到旁板上。

(3) 旁板上开有结构孔和系统孔。结构孔主要用于连接水平结构板件，系统孔用于安装铰链、抽屉滑道、隔板等。

(4) 旁板上系统孔、结构孔间的距离为32mm或是32mm的整数倍。

(5) 系统孔的直径为5mm，孔深约为13mm，结构孔的孔径根据五金连接件的要求而定，一般常用的孔径为5mm、8mm、10mm、15mm、25mm等。

(6) 旁板上第一列竖排系统孔中心到旁板前边缘之间的距离，盖门式结构时为37mm，嵌门式结构时为门的嵌入量＋37mm。

3. 设计原则

板式家具的结构设计应遵循标准化、模块化、牢固性、工艺性、装配性、经济性、包装性等"二化五性"原则，具体内容简要说明如下。

(1) 标准化原则。

标准化原则是指设计时应考虑家具的整体尺度、零部件规格尺寸、五金连接件、产品构成形式、接合方式与接合参数的标准化与系列化问题。尽可能让家具的整体尺度、零部件形成一定的规格系列或是通用，最大限度地减少家具零部件的规格数量，给简化生产管理、提高生产效率、降低成本等提供条件。

(2) 模块化原则。

模块化的基础是标准化但又高于标准化。标准化注重对指定的某一类家具的零部件进行规范化、系列化处理，而模块化除了要做标准化的工作外，还要跳出指定的某一类家具这一圈子，在更大的范围内甚至是在模糊的范围内去寻求家具零部件的规范化、系列化。模块化原则就是先淡化产品的界线，以企业现在开发的所有家具产品及可预计到的未来开发的家具产品中的零部件作为考察对象，按零部件物理特征（材料、规格尺寸、构造参数）来进行归类、提炼与典型化。通过反复优化后形成零部件模块库，设计产品时在模块库中选取N个模块组合成家具产品。考虑到仅依赖标准的零部件模块库，可能难以完成在外形与功能上要求多变的家具产品设计，一般可以采用以标准模块库的零部件为主配上非标准模块库的零部件的方法完成家具产品开发。标准模块库是动态的，其中的少数模块可能要被修改、扩充甚至淘汰，而非标准模块库的少数模块也有可能被升级为标准模块。

(3) 牢固性原则。

牢固性原则即力学性能原则，就是要求家具产品的整体力学性能满足使用要求。家具的整体力学性能受基材与连接件本身的力学性能、接合参数、结构构成形式、加工精度、装配精度与次数等诸多因素的影响，但在设计阶段应注意原材料与连接件的选用、结构构成形式的确定、接合参数的选取三个问题。显然，原材料与连接件的品质直接决定家具的整体力学性能。在着手设计时，首先必须根据家具产品的品质定位、使用功能与要求、受力状况等合理选取原材料与连接件的品质与规格。家具的结构构成形式与接合参数的是否合理，同样会对家具的整体设计产生较大影响，必须谨慎对待。

（4）工艺性原则。

除极少部分的艺术家具外，绝大部分的家具产品属工业产品范畴．设计必须遵循工艺性原则。所谓工艺性原则就是要求在设计时充分考虑材料特点、设备能力、加工技术等因素，让设计出的家具便于低成本、低劳动、低能耗、省材料、高效率地制造。

（5）装配性原则。

为了便于家具产品的库存流通等，板式家具一般为拆装式或待装式结构。装配性原则就是要在确保家具产品的功能和力学性能等的前提下，科学简化结构，让家具的装配工作简便快捷，少工具化、非专业化。如果一件家具各方面都不错，但需要带上一大堆的专用装配工具，再在客户处花费几个小时甚至一整天的时间装配，那么，不但装配成本很高，恐怕再也没有客户敢第二次买这类家具了。目前市面上的拆装家具几乎都要依赖专业安装人员安装，真正的自装配家具很少见到，如果结构能简化到非专业人员也能正确安装，就可将家具的安装成本降到最低。

（6）经济性原则。

经济原则是指在保证家具产品品质的前提下，以最低的成本换取最大的经济利益。具体地说，可以从提高材料利用率、简化结构与工艺、贯彻标准化、系列化、模块化设计思想等方面着手降低设计阶段能决定的产品成本。另外我们对经济性的理解还不能仅仅停留在企业的直接经济性上，还要放眼于整个社会，注重企业与社会的综合经济效益。要做到这一点有不小的难度，但还是要大力提倡。

（7）包装性原则。

由于家具的品种材料、形态、结构以及配送方式的差异．对包装的要求也不尽相同。在结构设计时除了要考虑上述几个原则，还要考虑包装这一因素，使最终产品的包装既经济、绿色又符合库存与物流要求，这就是包装性原则。

4．以单体柜类家具旁板设计为例来说明32mm系统

旁板是设计核心，应该首先考虑（图4-38～图4-40）。

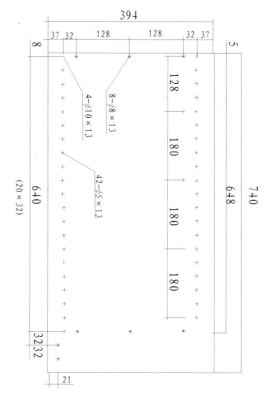

图4-38　旁板零件图

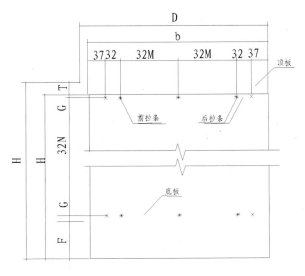

图4-39 旁板尺寸的确定方法

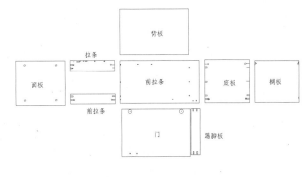

图4-40 柜体零件的尺寸、位置对应关系展开图

第四节 //// 非木质家具的结构与形式

一、软体家具的结构

凡坐、卧类家具与人体接触的部位由软体材料制成或由软性材料饰面的家具称为软体家具。如我们常见的沙发、床垫都属于软体家具。

1.支撑、软体结构

一般来说，软体家具都有支架结构作为支承，支架结构有传统的木结构、钢制结构、塑料支承架及钢木结合结构。木支架为传统结构，一般属于框架结构，采用明榫接合、螺钉接合、圆钉接合以及连接件接合等方式连接。

软体结构可分为两种形式，一种是传统的弹簧结构，利用弹簧作软体材料，然后在弹簧上包覆棕丝、棉花、泡沫塑料、海绵等，最后再包覆装饰布面。弹簧有盘簧、拉簧、弓（蛇）簧等（图4-41）。另一种为现代沙发结构，也叫软垫结构。整个结构可以分

为两部分，一部分是由支架蒙面（或绷带）而成的底胎；另一部分是软垫，由泡沫塑料（或发泡橡胶）与面料构成（图4-42、图4-43）。

2.充气家具

充气家具有独特的结构形式，其主要的构件是由各种气囊组成，并以其表面来承受重量。气囊主要由橡胶布或塑料薄膜制成。其主要的特点是可自行充气组成各种家具，携带或存放方便，但单体的高度因要保持其稳定性而受到限制（图4-44）。

二、金属家具的结构

主要部件由金属所制成的家具称金属家具。根据所用材料来分，可分为：全金属家具；金属与木结合家具；金属与非金属（竹藤、塑料）材料结合的家具。

按结构的不同特点，将金属家具的结构分为：固定式、拆装式、折叠式、插接式。

固定式：通过焊接的形式将各零部件接合在一

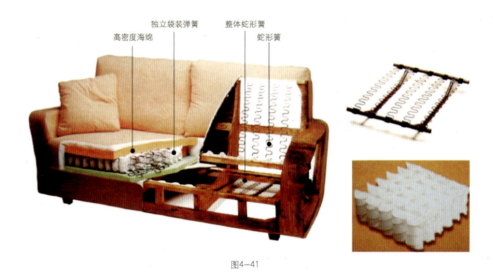

高密度海绵　　独立袋装弹簧　　整体蛇形簧

蛇形簧

图4-41

图4-42

图4-43

图4-44

起。此结构受力及稳定性较好，有利于造型设计，但表面处理较困难，占用空间大，不便运输（图4-45）。

拆装式：将产品分成几个大的部件，部件之间用螺栓、螺钉、螺母连接（加紧固装置）。有利于电镀、运输（图4-46）。

折叠式：又可分为折动式与叠积式家具。常用于桌、椅类。折动式是利用平面连杆机构的原理，以铆钉连接为主。存放时可以折叠起来，占用空间小，便于携带、存放与运输。使用方便（图4-47、图4-48）。

插接式：利用金属管材制作，将小管的外径套入大管的内径，用螺钉连接固定。可以利用轻金属铸造二通、三通、四通的插接件。

金属家具的连接形式主要可分为：焊接、铆接、螺钉连接、销连接。

焊接：可分为气焊、电弧焊、储能焊。牢固性及稳定性较好，多应用于固定式结构。主要用于受力、载荷较大的零件。

铆接：主要用于折叠结构或不适于焊接的零件，如轻金属材料。此种连接方式可先将零件进行表面处理后再装配，给工作带来方便。

螺钉连接：应用于拆装式家具，一般采用来源广

图4-45　固定式

图4-46　拆装式

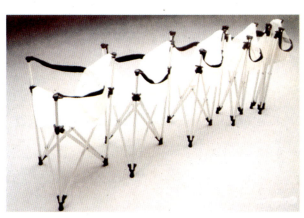

图4-47　折动式

图4-48　叠积式

的紧固件，且一定要加防松装置。

销连接：销也是一种通用的连接件，主要应用于不受力或受较小力的零件，起定位和帮助连接作用。销的直径可根据使用的部位、材料适当确定。起定位作用的销一般不少于两个；起连接作用的销的数量以保证产品和稳定性来确定。

三、塑料家具的结构

塑料家具可分为全塑料家具（图4-49、图4-50）、塑料与其他材料构成的混合材料家具。由于塑料加热后具有软化直至流动的特性因而易于模塑成型加工。塑料家具的特点是曲线与曲面零件多，接合点少，零件数量少甚至一件家具仅有一个、两个零件；零件大多为薄壁壳体结构。

塑料家具的接合方法有：胶接合、螺纹接合、卡式接合、插入式接合、热熔接合、金属铆钉接合、热铆接合等。

胶接合就是用聚氨酯、环氧树脂胶等高强度黏合剂涂在接合面上，将两个零件胶合在一起的方法。

螺纹接合是塑料家具常用的接合方法，通常有直接螺纹接合、间接螺纹接合、自攻丝接合三种（图4-51～图4-58）。

图4-49　　　　　　　　图4-50

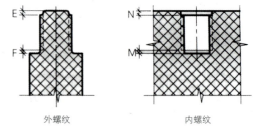

外螺纹　　　　　　内螺纹

图4-51　直接螺纹接合

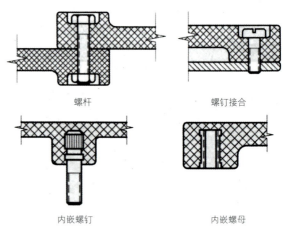

螺杆　　　　　　　螺钉接合

内嵌螺钉　　　　　内嵌螺母

图4-52　间接螺纹接合

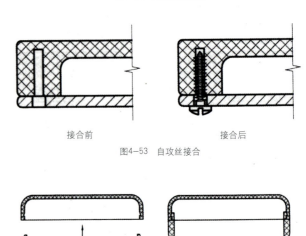

接合前　　　　　　接合后

图4-53　自攻丝接合

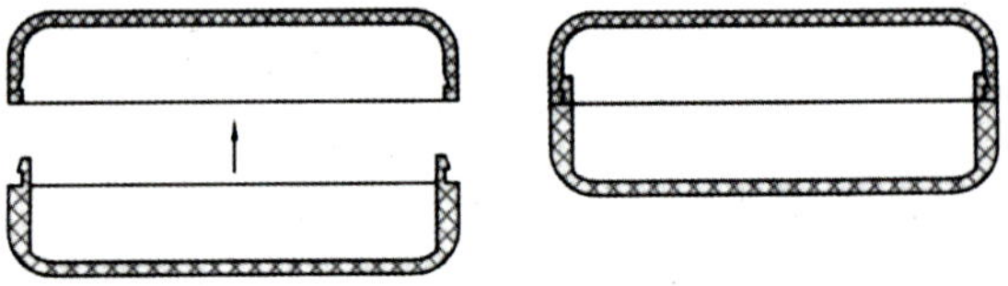

接合前　　　　　　接合后

图4-54　卡式接合

图4-55 插入式接合

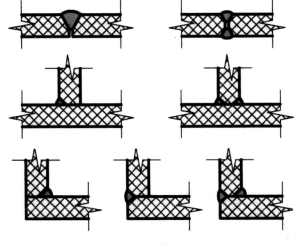

图4-56 热熔结合

图4-57 金属铆钉结合

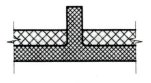

图4-58 加热铆钉结合

四、竹藤家具

　　竹材、藤材同木材一样，都属于自然材料。竹材坚硬、强韧；藤材表面光滑，质地坚韧、富有弹性，且富有温柔淡雅的感觉。竹、藤材可以单独用来制作家具，也可以同木材、金属材料配合使用。

　　竹藤家具的构造可以分为两部分：骨架和面层。竹藤家具的骨架可以采用竹竿或粗藤条制作，可采用木质骨架，也可采用金属框架作为骨架（图4-59、图4-60）。

图4-59

图4-60

竹藤家具的面层一般采用竹篾、竹片、藤条、芯藤、皮藤编织而成（图4-61～图4-63）。

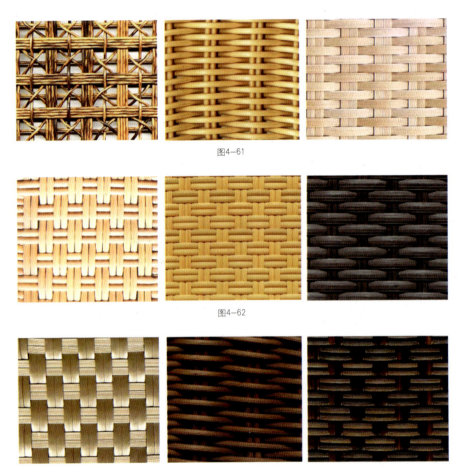

图4-61

图4-62

图4-63

[复习参考题]

◎ 现代实木家具结构都有哪些特点?

◎ "32mm系统"设计原则是什么?

第五章　家具设计的创新与方法

本章重点 》
通过本章的教学，要求学生熟悉家具创新设计的概念，掌握家具创新的方法，以提高学生创新的概念。

学习目标 》
熟悉家具设计创新设计构思的基本概念，掌握家具设计创新设计的一般规律和方法。

建议学时 》
4学时讲授，4学时命题设计：概念设计——设计一把椅子。

第五章 家具设计的创新与方法

设计是一种构思或规划，是一种创造，旨在创造人类以前所没有的和现在或今后所需要的。如果设计的结果是曾经已有的，这就是复制(拷贝)，不管这种复制是有意的还是无意的。很明显，复制是一种重复性的劳动，其意义仅仅是关于设计的传播与推广，其价值便大打折扣。设计的本质即在于创造，创造前所未有的新颖而有益的东西。新世纪，作为后工业化之后的信息化时代，将是人类社会竞争日趋激烈而前景更令人神往的世纪，设计具有重大的历史使命。没有创新的设计不具有价值，因为没有创新的设计不能算是设计。家具设计与其他类型的设计一样，其真正意义在于创新。

"家具创新设计"是一个发展的概念，随着时代的发展，家具创新设计也被赋予新的内涵，除了传统意义上的产品创新设计（如：外观创新、结构创新、材料创新、功能创新等）外，还应包含"设计资讯手段"的创新，"设计管理"的创新，以及贯穿于家具设计过程始终的"家具营销方式的创新"，等等。

第一节 ///// 家具产品创新设计的概念

设计是"一种社会文化活动，一方面，它是创造性的，类似于艺术的活动；另一方面，它又是理性的，类似于条理的科学的活动"。家具设计的目的是为人类服务，是运用现代科学技术新成果和美的造型法则去创造出人们在生活、工作与社会活动中所需的一类特殊产品——家具。家具设计与一般的工业产品设计一样，是对产品的功能、材料、结构、形态（外观）、装饰形式等诸要素从社会的、经济的、技术的、艺术的角度进行综合设计，使之既满足人们的物质功能需求，又满足人们对环境功能与审美功能的需求。

新产品有狭义和广义之说，狭义的新产品指"首次在市场亮相的产品"，而广义的新产品指"在工作原理、技术性能、结构形式、材料选择，以及使用功能等方面，有一项或几项与原有产品有本质区别或显著差异的产品"。

具体说来，新产品应是具有如下特性的产品：

图5-1

图5-2

图5-3

一、独创性的新型产品

如自19世纪以来相继出现的胶合弯曲木家具、塑料家具、玻璃纤维整体家具，充气、充水的家具等，均属独创性家具（图5-1、图5-2）。

二、外观造型有所改变的新产品

外形、色彩、肌理、装饰方法或其组合使产品外观发生显著改变的家具即属此类（图5-3、图5-4）。

三、具备新功能的现有品类的产品

如增加健身功能的家具；又如融合为一体电脑工作台相对普通的电脑桌即是一种新产品等（图5-5、图5-6）。

图5-5

图5-4

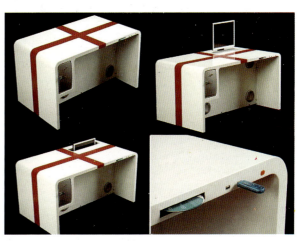

图5-6

四、采用新材料的产品

如采用弹性纤维材料做坐面与靠背的不锈钢椅，相对于钢木椅和皮椅则是一类新产品（图5-7、图5-8）。

五、性能与结构有重大改进的现有产品

如相对单件配套的组合多用家具，以及相对于固定结构的拆装家具，都属于改进型新产品（图5-9、图5-10）。

由此可见，家具的独创新型产品，新的外观、新的功能、新的材料、新的结构等都可称之为家具产品的创新设计。

图5-7

图5-9

图5-8

图5-10

第二节 ///// 家具产品创新设计方法

家具产品的创新设计技法千变万化，种类繁多。但总的来看，可归纳为两大类型，即"改良设计"和"原创设计"。

"改良设计"也称之为"二次设计"，是企业和设计师的一项经常性的设计工作。所谓"改良设计"即是对现有家具产品（陈旧的或存在不足的）进行整体优化和局部改进设计，改进产品的结构、功能、外观或材料，使之更趋完善以适应新的市场需求，提升家具的品质与价值。一般说来，改良设计贯穿于某件（套）家具产品从创意构思到营销直至废弃回收的整个生命周期之中。

"原创设计"，顾名思义"原"即是最初、起始，而"创"即是创始、首创。"原创"即强调事件在时间上的"初始"性质，也重视"创造"的性质。因此"原创设计"相对"改良设计"就是一种创造性的全新设计，它既是首次出现又与其他设计具有显著区别。不具备"最初"的特点，就是"抄袭"。原创设计应较其他设计有较大或本质上的区别，否则就是"模仿"。设计的价值主要体现在创造的经济价值。审美价值和信誉价值等方面，它必须满足人们在物质与精神两个层面上的诉求。因而，在市场经济条件下，基于商业目的的原创设计占据了设计活动的核心地位，同时它也是个具有明确目的性和预期结果的创造性活动。适合消费者审美心理、功能要求和其他消费目的的区别于他人的创新设计均可定义为原创设计的范畴。可以说，原创设计是设计师创造能力与智慧的最高体现形式。

一、原创设计的特征

原创设计具有一般设计所具有的全部"共性"，但原创设计绝不同于一般设计。具体说来，原创设计具有下列特征：

1. 原始性

一个新的设计理念，一种新的设计思想，以及在这种新理念和新思想指引下所出现的设计，总有第一次面世的时候，不论它是个人的或集体的智慧，在首次出现时，往往打上了创造者的烙印。在它问世以后，它可能面临着不同的处境和前景，也就是说，它不一定为大众所接受，也不一定长期生存和得到发展。但正是这种"敢为天下先"和"能为天下先"的冲动、激烈和智慧得到了社会的广泛尊重。也正是这样，社会才有了进步和发展。

当某种产品第一次出现在市场上的时候，企业和团体可能面临着巨大的商业风险，但正是这种风险，奠定了企业或团体良好的商业形象、家喻户晓的品牌形象和无穷无尽的发展机遇。这正是企业追求原创设计的动机。

如第一台电视机、第一台空调、第一台电脑等均属此类。

原创性设计是产品设计的一个类型。它除了具有产品设计应具有的一般共性外，更应该强调它的创新性和对于某一设计元素使用的"第一"性。

2. 创新性

创新就是做前人没有做过的事情。设计创新包括设计本身、原材料的使用、生产工艺的创新等内容。

判断设计或产品是否具有创新性，可从以下几个方面来衡量：

(1) 具有新的理念和思想；

(2) 具有新的原理、构思和设计；

(3) 采用了新的材料和原件；

(4) 有了某些新的性能和功能；

(5) 适应了新用途；

(6) 迎合了新的市场需求。

这里要特别强调的是基于商业价值的产品创新。基于商业价值的产品创新与老产品相比，最大的改进，不一定是在技术上，如果满足了消费者所追求的方便的。"实用性能"和"使用效果"（尽管这个"性能"和"使用效果"可能是很低的技术支持的），或者满足了使用者自我实现和社会地位提高的具体欲望，具备这三者其中之一，都可以认为这种创新是基于商业价值的产品创新。

按照创新的范围，可以把这种创新分为以下四种：

(1) 完全模仿的产品创新：为避免全新产品所带来的商业风险，在保留某种产品吸引入的某些特性的基础上，对它进行新的论释(如新功能、更高的性价比等)，并加以宣传和推广。

(2) 改进型的产品创新：在原有技术基础上对某种老产品进行局部改进，以增加花色品种、规格型号、提高产品质量，增加产品功能，提高材料利用率，节省能源等方面的创新。

(3) 换代型产品创新：从本质上说，它仍属于改进型产品创新，但它是全局性的重大改进。

(4) 全新型产品创新：采用新的原理、新的思想及理念、新结构、新材料、新技术研制的国内或国外首创的产品。

从上面的分析可以看出：产品的创新从其特性来看，可以是"局部创新"，也可以是"全局创新"，"全局新"无疑属于原创设计，"局部新"由于具有独特的与众不同的"从未出现"的意义，也属于原创设计的内容。

3. 先进性

原创设计的先进性决定了该设计的社会性。社会是在不断发展进步的，任何原创设计都应该遵循社会发展的必然规律，这也是任何设计都必须达到的要求。

原创设计的先进性主要体现在先进的科学性上。"科学技术是第一生产力"，科学技术是原创设计的原动力。电子技术的产生和发展带来的产品设计的革命，微电子技术的发展，使许多"三维"电子产品在形象上平面化，等等，依赖于先进的科学技术所产生的原创设计可谓数不胜数。

先进的科学性具体表现在下列几个方面：

(1) 先进的社会意识：社会发展观、社会价值观、社会思想观等。它是原创设计潜在的原动力。

(2) 先进的科学意识：科学的价值和作用、科学思维方法等。如人的科学、材料科学、环境科学等学科领域在设计中的运用。它是原创设计产生和发展的基础。

(3) 先进的工程技术基础：如信息技术、材料技术、加工技术的运用等是原创设计产生的直接动力。

4. 时代性

任何一个时代都有属于这个时代的原创设计。社会的、科学的、技术的、人文的各种因素在不同的时代有不同的反映。紧跟时代步伐，是原创设计兴盛不衰的保证。具体表现在下列几个方面：

(1) 适时的社会意识和具体的政治体现。

(2) 适时的伦理、道德、价值观。

(3) 科学技术的最新成果。

5. 时尚性（各种流行源）

时尚不同于时代，如果一个时代的设计成果是一首优美的乐章，那么，在这个时代里各个不同时期、不同时间段内的时尚就是一个个跳动的音符。原创设计除了符合时代的基本特征之外，还应保持较长一个时期的时尚。否则，只可能是昙花一现。反过来，一个真正引领了或能引领时尚的设计，是足可以称为原创设计的。

如"流线型"设计、"黑色风暴"、"白色旋风"等均属于此种。

6．可认知性

通俗地说，一个不为人所理解的设计是很难得以生存的，一个无法生存的设计很难具有成为原创设计的机会。原创之所以为原创，很大程度上依赖于人们对它的理解。当设计具有不同于一般设计的特点，人们才会对其发生兴趣，继而试图去读懂它。只有人们基本上理解了它以后，也才会去与别的和以往的设计进行比较，进而赋予它是否为原创设计的意义。

这里要强调设计的超前性。当一个设计具有超前的性质时，出现的时候可能不为人所理解，但这并不否定设计的可认知性。超前的设计都是设计者依据现时的种种因素进行推理、预测、判断等一系列复杂的过程之后才产生的。它之所以超前，是因为它具有在今后一定会为人所认识的潜在可能，否则，充其量也只能算得上是一次设计实践或者是一时的胡思乱想。

7．可传播性

原创设计的可传播性可以归结于原创设计的可认知性。设计在某种意义上说是在创立某种符号，这是设计一般意义上的特点。原创设计强调设计符号的特殊性和典型性，正是这种特殊性和典型性增强了设计的可认知性，因而使得原创设计具有可广泛传播的可能。

原创设计的广泛传播反过来又加深了原创设计的意义特点。原创设计作为一种特殊的、典型的设计符号，它的能指意义更加广泛，它的所指意义更加具体，原创设计使用了特定的语义和特定的形象，因而它的表现意义的特点更加赋予了它设计的原创性。

这里我们可能有一个认识误区：好的原创设计不愁没有好的生存空间，正所谓"好酒不怕巷子深"，一个好的原创设计总会流传开来。殊不知哪怕是一个普通设计的传播都需要一个适应的"土壤"和"媒体"：社会基础、经济基础、技术基础。原创设计对"土壤"和"媒体"的要求可能更加苛刻。

原创设计的可传播性在当今商品经济时代尤为重要。任何设计最终都变成商品，市场赋予它特定的价值。所以设计除了它必须具有的文化的、审美的意义之外，还必须具备商品的潜在意义即商品流通的意义。从这一点上来说，一个不可传播的原创设计在本质上是没有任何意义的。

8．民族性

民族性既是使一般设计成为原创设计的技巧之一，又是原创设计产生的源泉之一。

一个特定地域、民族有其特定的文化传统，这种特性不是一朝一夕成就的，而是千百年来某一文化系统的积淀，它的产生、存在和发展决定了它是为人所认可的，即有存在的必要和可能。依据这种性质，参考其中的某些元素所形成的设计，构成了这种特定文化系统的某一组成部分。如以中国传统文化要素为主题，中国设计师创作了大量的设计作品，在国际设计界取得了良好的声誉。

具有民族性的设计主题有其自身不同于其他设计主题的特殊性。由于地域、人种、人文环境、自然环境等因素的不同，世界上存在着多种有差异的民族文化体系，存在着诸如历史、神话、图腾与图形、地理风貌、自然资源等不同的各种设计元素或设计元素的潜在题材，这些都可能引发出不同的有别于其他的设计。

原创设计的民族性在某种意义上决定了原创设计的多元化。世界文化意义包括设计文化意义的共同取向是各种文化体系的共存共荣，在当今已是一个不争的事实，对具有民族特色的设计的褒扬无疑有助于这一趋势的发展。反过来，各种具有民族特色的设计百花齐放，也极大地丰富了当今的原创设计和世界文化。

具有民族特色的设计往往较其他设计具有更加广泛的流传性。"只有民族的才是世界的"，成为文化传播领域一条颠扑不破的真理。

9. 国际性

原创设计的国际性是由当今社会特征尤其是国际经济一体化的特征所决定的，一个真正优秀的设计应该是世界文化体系的共同财产。

对不同的设计题材、设计元素进行国际化的设计注释是使一个原创设计具有国际性特征的有效途径。一个设计题材、元素在它最初产生的时候，可能是具有明显的地域性，这种具有地域性认可的是否具有国际化认可的潜质，在很大程度上决定于对这些设计题材、元素的注释方式。如果其手段仍然是有某种局限性的，其设计成果必然缺乏国际性。

10. 动态性

原创设计的动态性主要反映在两方面：一是原创设计在不断涌现；二是原创设计的特征也在发生着变化，并不是一成不变的。

原创设计的动态性实质上就是原创设计的时代性。一方面，一个时代有一个时代的审美特征，必然会导致在一个时代里被认为是优秀的设计；另一方面，社会在不断地发展进步，随着社会的发展、科学技术的进步，也必然会产生各种新的设计题材、元素，从而导致各种崭新的设计。

综上所述，在当今社会条件下，我们归纳原创设计的特征大致有这些。特别要说明的是，上述原创设计的特征是各类设计要素的综合。因为每一个原创设计的出发点是各不相同的，所以，用数学的术语来表示，它们各自是构成原创设计的充分条件但不是每一点都是构成原创设计的必要条件。这就扩大了原创设计的外延和内涵，使得原创设计有了更大存在和发展空间。

二、家具的创新设计

1. 家具造型的创新

家具造型具有影响消费者购买倾向最直观的作用力，因而家具在造型上的创新则是产品创新设计最有效的途径之一。造型是一种基于使用功能要求下的富于变化的创造性造物手法。造型的三要素包括：形态、色彩、肌理。其中，形态是核心，色彩和肌理是依附于形态的。

(1) 基于形式美创造基本原理的形态创新。

形式美创造的基本原理或形式美的一般规律，主要指"比例与尺度"、"统一与变化"、"对称与均稳"、"稳定与轻巧"、"对比与协调"、"节奏与韵律"等既相互矛盾又相互联系、相辅相成的对立统一的形式美法则。对立与统一是矛盾双方有机地体现在一件作品之中，没有对比只有统一则单调乏味，只有对比没有统一则会显得杂乱无章。矛盾体双方有机结合，共同作用，在统一中求变化，在变化中求统一，在对立与统一的过程中创造美的形式。

在家具形态的创新设计中，应灵活运用形式美法则，跳出定式思维，破旧立新，创造出令人耳目一新的家具新形象（图5-11）。

(2) 模拟与仿生——源于自然的形态创新。

在人类用设计来改善生存环境的初期阶段，人类多是以大自然的各种事物的形态为模拟与仿生对象进行设计的。模拟与仿生的对象可以是大自然中的植物花草，也可以是人或动物的形态，甚至还可以是冰山等物的形态（图5-12、图5-13）。

在不违反人体功学原则的前提下，运用模拟与仿生的手法，借助生活中常见的某种形体、形象或仿照生物的某些特征，进行创造性构思，设计出神似某种形体或符合某种生物学原理与特征的家具，是家具形态创新设计的一种重要手法。

（3）色彩与肌理源自生理、心理需求的形态创新。

色彩学研究成果表明，物体给人的第一印象首先是色彩，其次是形态，最后才是质感。色彩的感觉是通过光所刺激产生的一种视觉反应，在日常生活中它能给人丰富的联想，不同的人对色彩的喜好是不同的。利用色彩与肌理的变化来达到家具造型创新是众多创新设计技法中相对简洁的一类技法（图5-14、图5-15）。

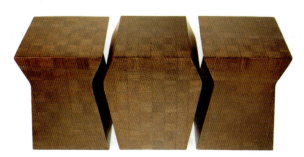

图5-11

图5-12

图5-13

图5-14

图5-15

2．家具功能的创新

功能是任何产品的第一要素，如果一件产品不具备一定的功能，就会失去其存在的价值，因为物就是要为人所驱使，为人提供便利，它将永远作为人造世界的基本目标和核心"内容"而存在。从功能方面考虑进行家具产品创新设计主要有三种途径。

（1）新的使用功能。

与现有品类家具的功能有新的突破的家具产品，就可称该家具具备了新的使用功能。这类产品的出现就是对人们全新生活方式的一种反映。

（2）功能的组合。

该方法是将各种相关联的功能通过精心构思，巧妙地、有机地组合在一件产品上，使之具备多功能。如将穿衣镜、衣帽架、存储柜组合在一起的门厅家具就是典型的多功能家具；还有目前市面上热销的多功能整体橱柜就将消毒、存储、备餐等多种功能集于一体。多功能在某种程度上来说具有促销作用，但有一点应指出，即功能越多产品越复杂，有时形式美将打折扣。

（3）功能的延伸。

即对家具的原有功能进行适当的延伸，以拓展产品的用途。

3．家具材料的创新

材料是实现家具形态的物质手段，是功能与技术的载体。选择用材是家具设计中首先要考虑的问题之一。"材质美是任何产品设计的基础，家具也不例外。"应超脱产品创新多从外观造型创新方面着手的思维定式。其实，可以从发现家具新材料或多种材料的综合运用等方面着手，以期达到创新的目的。因为新材料的运用必然带来产品结构形式的创新，多种材料的运用必然带来外观形式的变化，同时这些创新也必然伴随着生产技术的革命。

图5-16 图5-17 图5-18

在现代家具产品设计上，通过材料创新达到产品创新目的方法主要有两类：

(1) 传统材料的新应用。

即在充分认识并了解传统的家具用材及其特点的基础上，改变某些产品的一贯用材，而改用其他材料。如具有天然材质美的竹藤家具，它可用金属材料替代原来的竹（木）骨架，使传统的竹藤家具表现出一股现代时尚气息，既保持了其原有的材料美，也增强其牢固度（图5-16）。

当然也有不成功的案例，2001年中国（上海）国际家具展上有厂商推出了铁制的"明式家具"，造型固然不错，但没有取得成功。这是因为设计师忽视了明式家具之所以能取得享誉世界的成就，除了其完美流畅的造型、严谨简洁的结构外，其"自然生动的视觉肌理与质感"也功不可没，铁质家具自然无法与明式家具的天然质感相提并论。

采用此法的思维方式首推"反置法"，即从事物相反的方面考虑，把人从固有观念中超脱出来而产生新的构思，如在设计中由硬想到软，由黑想到白，由高光想到亚光，由单色系想到多彩系列，由此及彼，得到无限新创意。

无疑，弯曲木与层压薄板是在材料发展史上意义重大的革新。它使得用更少的材料构建家具成为可能，也使设计师可以更多地应用体现视觉的整体性与流畅性的设计（图5-17、图5-18）。

(2) 新材料的应用。

即利用材料科技新成果，将新型材料适时地用于新产品研发，或应用于传统的产品，使传统产品呈现出新的外观形象。如：木质人造板这种新材料的出现，就带来了家具品类的创新——板式家具的诞生。

"科技木"是近年国外研发的一种新的家具装饰材料。现在，欧洲家具制造业正研究将纳米技术应用于橱柜生产，不久的将来，用纳米技术生产的橱柜，污染物根本无法附着于家具表面，人们将不需对橱柜进行烦琐而劳累的清洁。由此推想，这新材料也将用于实验室家具或医卫家具的制造（图5-19、图5-20）。

4. 家具结构的创新

结构是指产品各组成部分或零部件之间的接合

方式。在这里，家具的结构创新包含两种形式：传统结构形式的移植与新的结构形式的应用。家具结构的创新往往源于人们新的审美方式（趣味）的产生、家具新材料的出现，或基于新的生产方式（技术）的变革。

（1）传统结构形式的移植。

家具的传统结构形式主要为：实木家具的榫接合、板式家具的五金件接合以及金属玻璃家具的螺钉（栓）接合与焊接。

结构形式的移植，即是上述典型的传统结构形式在不同品类家具之间的借用和综合运用。如板式家具

五金件接合形式在中国传统家具上的应用，就带来了传统家具工业化生产方式的一场革命，也因其可拆装而使运输、流通变得方便。

（2）新结构形式的应用。

新结构形式的应用即采用不同于上述典型的家具结构形式。新的结构形式的出现一般基于新材料、新技术的产生。20世纪起源于北欧、风行于世界的胶合弯曲家具，其独特的结构形式就是基于新的胶合技术的出现而产生的。新材料、新技术的出现为通过结构形式创新达到产品创新提供了基础。

图5-19

图5-20

第三节 ///// 系列家具设计的发展

一般情况下，人们常把相互关联的成组、成套的家具称为系列家具，在功能上它有关联性、独立性、组合性、互换性等特征。系列家具主要有四种形式：成套系列、组合系列、家族系列和单元系列。

家族系列家具是由功能独立的家具产品构成，它们的功能各不相同。家族系列中的产品不一定要求可互换，而且系列中的家具往往是同样的功能，只是在形态、色彩、材质、规格上有所不同而已，这和成套系列家具有相似之处，家族系列家具在商业竞争中更

具有选择性，更能产生品牌效应。随着社会经济的发展，消费者的消费行为变得更有选择性，市场需求加速向个性化、多样化的方向发展。人们对家具的要求越来越高，体现在对家具功能、形态、色彩、规格等综合需求质量的提高上，家族系列家具以多变的功能和灵活的组合方式满足了人们的消费需求。市场需求的多样化，必然要有一种多品种、小批量的生产方式与之相对应，这就是柔性化生产方式。系列产品对于柔性化生产方式具有非常重要的意义，它巧妙地解决了量产与需求多样化的矛盾，使家具能以最低成本生产出来，因而系列家具设计也是目前广为流行的设计

趋势。

　　家具造型设计是以人为中心的形态优化过程，其目的就是使家具的功能更完善，使家具的结构更加合理、安全、耐用、舒适和方便，创造更优美的造型形象，充分适应人的生理、心理需要。特别是在现代社会中，家具与人们的生产、生活密切相关，推动和促进社会物质文明和精神文明的发展，在此过程中，家具对人们的思想情操、文化观念以及审美意识有着潜移默化的影响，这种影响是其他任何学科所不能代替的。家具造型设计所表现出的精神功能，是随着社会经济实力的增长和人们生活水平的不断提高而愈来愈受到重视。具有良好功能、合理结构、优美形态的现代家具产品，是体现当代精神文明的一个重要侧面（图5-21～图5-24）。

图5-22

图5-23

图5-21

图5-24

[复习参考题]
◎ 家具造型创新设计有哪些方法？
◎ 什么是家族系列家具？

第六章　家具设计的程序与管理

本章重点 》

通过本章的教学，要求学生掌握家具设计的程序，以提高学生对家具设计的系统性理解。

学习目标 》

完全掌握家具设计的设计程序，提高学生对家具设计的系统性观念。

建议学时 》

4学时讲授，4学时命题设计：梳妆台设计。

第六章 家具设计的程序与管理

第一节 ///// 家具设计的程序

家具设计是分阶段按顺序进行的。而要成功地开发设计家具产品,除了要有合格的家具设计师,用正确的设计观和设计思想来指导设计工作以外,一个与之相适应的、科学合理的计划工作程序也非常重要。由于家具产品开发设计所涉及的产品和行业非常广泛,不同产品的外观造型和内部结构的复杂程度也相差很大,再加上不同的企业对设计工作的要求也不尽相同,因而有时设计工作的程序就会有所不同。但是总的来说每一件产品的设计,都有一个基本的设计流程。家具设计程序主要包括设计准备阶段、设计构思阶段、初步设计及评估阶段、设计完成阶段和设计后续阶段等。企业和设计师可以根据产品的特点和当时的具体情况灵活掌握。

一、设计策划阶段

设计策划阶段主要应了解设计对象的用途、功能和造型的要求及使用环境等;调查国内外同类产品或近似产品的功能、结构、外观、价格和销售情况等;收集与设计对象有关的情报资料,掌握其结构和造型的基本特征;分析市场的发展趋势,调查各类顾客和消费者对此类产品的需求及消费心理、购买动机和条件等。主要工作目的是全面掌握资讯,确立设计项目;主要工作内容是设计策划、设计调查及汇集资料、调查资料的整理与分析、需求分析等。

1. 市场资讯调查

家具设计前的资讯调查是产品开发的最基本、最直接、最可靠的信息保证,是一个不可忽视的重要环节。判断设计成功与否的因素在这里主要指市场的销售状况和消费者的接受程度。调查的主要方法有可以通过对互联网、专业期刊、家具展览、家具企业、家具商场、消费者等进行调查,掌握资讯,突出新视点、追求最佳目标、定性定量分析。主要调查内容包括对消费者、对技术进步、对市场环境、对商品价格流通等有关市场和相关产品的调查研究。

2. 资料整理分析

在初步完成家具产品市场的调查工作后,要对所调查到的产品的式样、标准、规范、政策法规以及各种数据、图片等资料进行分类归档、系统整理和分析,写出完整调研报告,并作出科学的结论,以便用于指导新产品开发设计,也可为开发新产品设计提供参考或设计立项依据。

3. 需求分析预测和产品决策

对某类家具产品的市场预测分为短期需求的估计和未来需求的预测。

对设计前期的调查和分析后,即可进行最后的决策,确定产品开发的类别、档次、销售对象和市场方向等,选定最终的解决方案,以便展开更进一步的产品设计。

二、设计构思阶段

家具设计方案可以用不同的方法来确定,但一开始的构思,将在整个设计过程中起主导作用,这是一个深思熟虑的过程,通常称为"创造性"的形象构思。这就意味着形象的活动不止一次,而是多次反复的艰苦的思维劳动,即构思—评价—构思不断重复直到满意结果的过程。

在进行设计之前,必须先了解有关要求,列出所要解决的设计内容，使许多隐性的要求明朗化，逐步形成一个大体的设计轮廓。比如坐具的设计，以人的坐的某种需要而设计，探讨人为什么要坐？在怎样的环境中坐？坐了以后会怎样？将自己设身处地地放在某种坐的情景中，思考坐的方式、坐的需求、坐的可能、坐的欲望等，分析人坐的行为规律、需求，以及坐的场合、环境等要素，给坐的人与物之间提供某种功能所需的设计构想。坐的行为在生活中常常是随机的，设计本身是为了人的一种行为概念而设计，着眼点在人的行为意识，从而为其设计和制造相适应的器具。同时设计构思阶段提交的结果主要是设计草图。草图是家具设计中表现构思意图的一种重要手段，它能将设计人员头脑中的构思记录为可见的有形的图样。草图不仅可以使人观察到具体设想，而且表达方法简便、迅速、易于修改，还便于复印和保管。一件家具的设计往往是由几张、甚至几十张的草图开始的。

三、初步设计阶段

初步设计又称方案设计，对构思阶段产生的备选方案和设计草图进行评估，通过优化筛选，找出最适宜于实现预定设计目标的造型方案。这个阶段主要解决外观造型、基本尺寸、表面工艺、材料与色调等基本问题。这是结合人体工程学参数，对功能、艺术、工艺、经济性等进行全面权衡的决定性步骤。

1. 初步设计的表达

初步设计是在对草图进行筛选的基础上画出方案图(三视图、透视图和效果图)。初步设计应绘出多个方案以便进行评估，选出最佳方案。方案图应按比例绘出三视图（图6-1）并标注主要尺寸，还要画出体现立体效果的透视图，体现主要用材以及表面装饰材料与装饰工艺要求的效果图。设计效果图是在方案图的透视图基础上以各种不同的表现技法表现产品在空间或环境中的视觉效果。效果图常用手绘和计算机绘图等

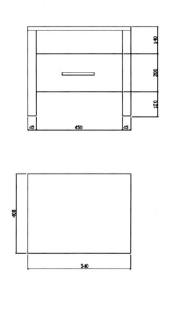

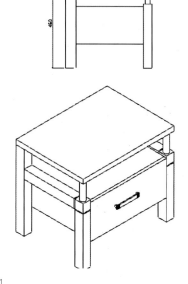

图6-1

不同手段进行表达。设计效果图还包括构成分解图，即以拆开的透视效果表现产品的内部结构。由于某些家具设计方案的空间结构较为复杂，一些组合或多用式的家具有时在纸面上很难表达其空间关系，因此，可以制作仿真模型，利用常规材料，如厚质纸、吹塑纸、纸板、金属丝、软木、硬质泡沫塑料、金属皮、薄木、木纹纸等，一般采用1∶2、1∶5、1∶8等比例制作，模型比效果图更直观，便于评估审定。

2．设计方案的评估

设计方案的评估一般是通过调查、会议、问卷等不同形式，按不同的评价方法和评价要素分别对不同方案进行评价，最后获得一个理想的设计方案。一般评估的要素有功能性、工艺性、经济性、美观性、需求性、使用维护性、质量性能、环保性等。

四、施工设计阶段

当家具设计方案确定以后，就可进入技术设计的阶段，即全面考虑家具的结构细节，具体确定各个零件、部件的尺寸、大小和形状以及它们的结合方式和方法，包括绘制家具生产图和编制材料与成本预算等内容，完成全部设计文件。这一阶段工作内容为，与生产部门确定生产工艺技术图纸、零部件分解。以双门衣柜为例，说明家具生产的施工图。

1．生产施工图

生产施工图是整个家具生产工艺过程和产品规格、质量检验的基本依据，具备了从零件加工到部件生产和家具装配等生产上所必需的全部数据，显示了所有的家具结构关系。它必须按照国家标准，根据技术条件和生产要求，严密准确地绘出全套详细施工图样，用以指导生产。施工图包括结构装配图、部件图、零件图、大样图和拆装图等。

（1）结构装配图。

将一件家具的所有零部件按照一定的组合方式装配在一起的家具结构装配图，或称总装图，是将一件家具的所有零部件之间按照一定的组合方式装配在一起的家具结构装配图。结构装配图不仅可以用来指导已加工完成的零部件装配成整体家具，还可指导零件、部件的加工；有时候也可取代零件图或部件图，整个生产过程基本上只用结构装备图。因此，结构装配图不仅要求表现家具的内外结构、装配关系，还要能清楚地表达部分零部件的形状，尺寸也较详尽。除此之外，凡与加工有关的技术条件或说明（零部件明细表、工艺技术要求等）也可注写在结构装配图上。

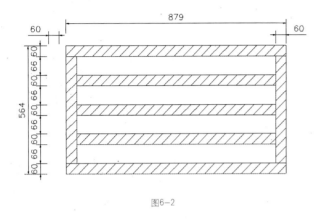

图6-2

(2) 部件图。

家具各个部件的制造装配图,介于总装图与零件图之间的工艺图纸(图6-2),简称部件图。它画出了该部件内各个零件之间的形状大小和它们之间的装配关系,并标注了部件的装配尺寸和零件的主要尺寸,必要时也标明了工艺技术要求。有时候也可直接用部件图代替零件图,作为加工部件和零件的依据。

(3) 零件图。

家具零件所需的工艺图纸(图6-3~图6-7)或外加工外购图纸,简称零件图。也是生产工人制造零件的技术依据。它画出了零件的形状,注明了尺寸,有时候还提出工艺技术要求或加工注意事项。

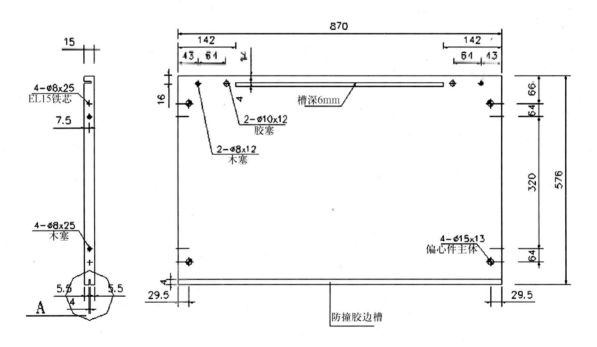

图6-3

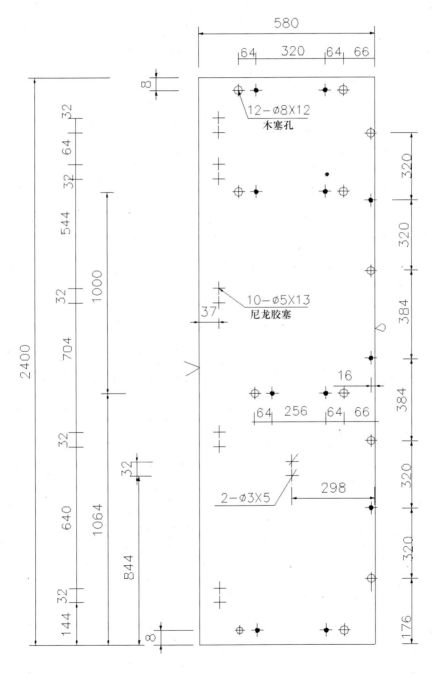

图6-4

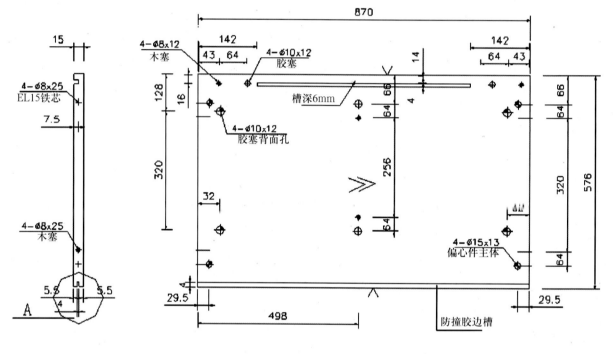

图6-5

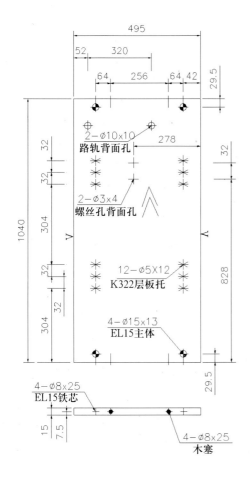

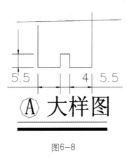

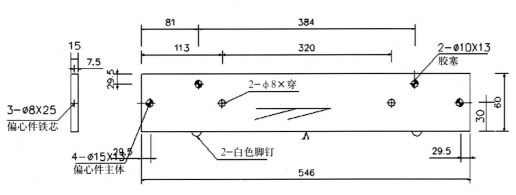

(4) 大样图。

在家具制造中，有些结构复杂而不规则的特殊造型和结构（图6-8），不规则曲线零部件的加工要求，需要绘制1∶1、1∶2、1∶5的分解大样尺寸图纸，简称大样图。

图6-6

图6-7

图6-8

(5) 拆装示意图。

对于拆装式家具，为了方便运输、销售和使用，一般需要有拆卸状的图纸提供安装参考（图6-9、图6-10）。这种图纸一般以轴测立体图的形式居多，绘制方便、尺寸大小要求不严格，主要表现家具各个零部件之间的装配关系和装配位置，直观地表现出产品装配的全部过程。

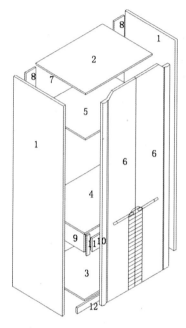

1.侧板　　2.顶板
3.底板　　4.层板
5.层板　　6.门板
7.背板　　8.背担
9.小侧板　10.抽面板
11.抽侧板　12.底板

图6-9

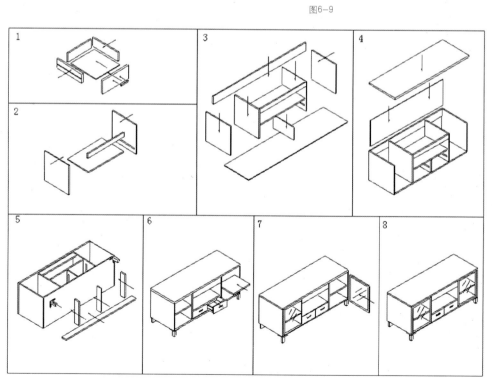

图6-10

2．设计技术文件

（1）零部件明细表。

汇集全部零部件的规格、用料和数量的生产指导性文件，在完成全部图纸后按零部件的顺序逐一填写（表6-1）。

表6-1

零 部 件 明 细 表

产品名称：双门衣柜

序号	部件名称	部件规格	数量	材　料　结　构	封边材料		
				A面/芯材/B面	25560		
					20	25	22
1	左侧板	2399×579×15	1	A面6881宝丽板，B面8015宝丽板/MDF15	6		
2	右侧板	2399×579×15	1	A面6881宝丽板，B面8015宝丽板/MDF15	6		
3	中隔板	1040×495×15	1	双面8015宝丽板/MDF15	2		
4	中小隔板	1140×467×15	1	双面8015宝丽板/MDF15	1.3		
5	底板	870×575×15	1	双面8015宝丽板/MDF15	3.6		
6	顶板	870×575×15	1	双面8015宝丽板/MDF3+15+3		3.6	
7	背板	2379×580×13	1	双面774PP液压纸			
8	固定层板	870×544×15	1	双面8015宝丽板/MDF3+15+3		3.6	
9	下固定层板	870×496×15	1	双面8015宝丽板/MDF3+15+3		3.6	
10	固定左层板	435×525×15	1	双面8015宝丽板/MDF3+15+3		3.6	
11	固定右层板	433×525×15	1	双面8015宝丽板/MDF3+15+3		3.6	
12	抽屉挡板	160×40×15	1	双面8015宝丽板/MDF15			
13	抽屉左侧板	400×120×12	1	双面8015宝丽板/MDF12			
14	抽屉右侧板	400×120×12	1	双面8015宝丽板/MDF12	0.9		
15	抽屉面板	444×153×15	1	双面8015宝丽板/MDF15	4		
16	抽屉后板	400×119×12	1	双面8015宝丽板/MDF12	4		
17	抽屉板	410×397×3		双面MDF3	3.6		
18	左右抵挡	546×109×15	2	双面8015宝丽板/MDF15	0.6		
19	前后抵挡	87×109×15	2	双面8015宝丽板/MDF15	0.6		
20	拉横	546×60×15	1	双面8015宝丽板/MDF15			
21	水银镜	1181×386×3	1	水银镜3mm			
22	镜背板	1182×387×18	1	B面贴8015纸/A面贴3mm镜子/MDF3+12+3			3.2
23	镜背板骨料	1192×397×12	1	MDF12			
24	门板	2217×444×15	2	A面6881纸+白色油漆，B面8015纸/MDF15			
25	门板组装图	2220×447×19	2	MDF12			
26	门饰条A	2020×19	2	亮光铝合金，F015			
27	门饰条B	2020×19	2	亮光铝合金，F015			
28	门饰条C	447×19	4	亮光铝合金，F015			
29	门饰条D	437×4	4	亮光铝合金，F096			
30	门饰条E	249×4		亮光铝合金，F096			

(2) 材料计算明细表。

根据零部件的明细表、五金配件（表6-2）等的数量、规格，分别对材料、五金件等辅料的耗用量进行汇总计算与分析。

(3) 工艺技术要求与加工说明。

对所设计的家具产品进行生产工艺分析和生产过程制度。也就是拟定该产品的工艺过程和编制工艺流程图，有的还要编制该产品所有零件的加工工艺卡片等。

表6-2

五 金 部 件 明 细 表

产品名称：双门衣柜

页数 / 部品代号 \ 配件	安装配件				包装配件											备注
	尼龙胶塞	胶塞10	16″夹路轨	18″脚钉	抽锁	衣通	EL15主体	EL15铁芯	3.5X15螺丝	EL10主体	EL10铁芯	E6X25机丝	背板夹	4×25螺丝	4×20螺丝	
						长										
1						482										
配件小计	20	53	1	8	1	1	49	49	19	4	4	4	14	4	4	

(4) 零部件包装清单与产品装配说明书。

拆装式家具一般都是采用板块纸箱实现部件包装、现场装配。每一件包装箱内都应有包装清单（表6-3）及相应产品装配说明书。

表6-3

<table>
<tr><th colspan="6">产 品 包 装 表</th></tr>
<tr><td colspan="6">产品名称：双门衣柜</td></tr>
<tr><td colspan="3">A</td><td colspan="3">B</td></tr>
<tr><td>纸箱尺寸</td><td colspan="2">2430×610×60</td><td>纸箱尺寸</td><td colspan="2">1070×610×145</td></tr>
<tr><td>纸箱形式</td><td colspan="2">天地盖</td><td>纸箱形式</td><td colspan="2">天地盖</td></tr>
<tr><td>序号</td><td>部件名称</td><td>数量</td><td>序号</td><td>部件名称</td><td>数量</td></tr>
<tr><td>1</td><td>左侧板</td><td>1</td><td>1</td><td>中侧板</td><td>1</td></tr>
<tr><td>2</td><td>右侧板</td><td>1</td><td>2</td><td>顶板</td><td>1</td></tr>
<tr><td>3</td><td>背担</td><td>2</td><td>3</td><td>底板</td><td>1</td></tr>
<tr><td></td><td>背板</td><td>1</td><td>4</td><td>固定层板</td><td>1</td></tr>
<tr><td></td><td></td><td></td><td>5</td><td>前后底担</td><td>2</td></tr>
<tr><td></td><td></td><td></td><td>6</td><td>上活动层板</td><td>1</td></tr>
<tr><td></td><td></td><td></td><td>7</td><td>前挡板</td><td>1</td></tr>
<tr><td></td><td></td><td></td><td>8</td><td>吊板</td><td>1</td></tr>
<tr><td></td><td></td><td></td><td>9</td><td>抽屉面板</td><td>1</td></tr>
<tr><td></td><td></td><td></td><td>10</td><td>抽屉左右侧</td><td>2</td></tr>
<tr><td></td><td></td><td></td><td>11</td><td>抽屉后板</td><td>1</td></tr>
<tr><td></td><td></td><td></td><td>12</td><td>抽屉底板</td><td>1</td></tr>
<tr><td></td><td></td><td></td><td>13</td><td>下活动层板</td><td>2</td></tr>
<tr><td></td><td></td><td></td><td>14</td><td>配件</td><td>1包</td></tr>
<tr><td colspan="3">备注：</td><td colspan="3">备注：箱外印刷（内有配件）</td></tr>
</table>

(5) 产品设计说明书。

产品设计说明书主要内容包括，产品的名称、型号、规格；产品的功能特点与使用对象；产品外观设计的特点；产品对选材用料的规定；产品内外表面装饰内容、形式等要求；产品的结构形式；产品的包装要求、注意事项等。

五、设计后续阶段

设计后续阶段工作的目的，完成样品制作、生产准备、试产试销。样品制作既可在样品制作间进行，也可在车间生产线上逐台机床加工，最后进行装配。样品制作之后应进行试制小结，提出存在问题。生产准备阶段的工作包括，原材料与辅助材料的订购；设备的增补与调试；专用模具、刀具的设计与加工等。试产试销阶段是产品设计工作的延伸，主要是营销策划以及市场信息反馈。

第二节 //// 家具的设计管理

一、设计管理的定义

设计管理是工业设计领域在知识经济时代产生的一门新兴学科，该学科在欧美国家受到越来越普遍的重视，而国内对这门学科的研究是近年才开始的。就设计管理的定义，不少学者从不同的角度对设计管理有过一些不同的认识。归纳起来，可以对设计管理作这样的概括认识：今天，技术和生产条件的同质化，企业间的差异正在缩小。缺乏设计创新的企业，只有在价格层面被动地参与竞争。设计管理将产品设计、企业形象设计与管理知识和品牌战略结合在一起，为企业产品创新和品牌形象的差异化、独特化竞争建立了强有力的基础和体系，使设计成为企业占领市场的有利武器。

设计管理就是"根据使用者的需求，有计划有组织地进行研究与开发管理活动。有效地积极调动设计师的开发创造性思维，把市场与消费者的认识转换在新产品中，以新的更合理、更科学的方式影响和改变人们的生活，并为企业获得最大限度的利润而进行的一系列设计策略与设计活动的管理"。在当今这样一个信息化、敏捷化的时代，设计管理比任何时候更具挑战性、更具风险性。世界变得越来越复杂，而且越来越多元化。企业面临的产品设计和服务的多样性不断增加，这些均影响着我们的思考方式、行为，甚至语言。近十年来，产业要面对的主要挑战之一是"接近消费者"。设计管理的目的是有效地利用设计资源达到目标，对以用户为中心的产品，在产品设计和环境资源上的开发、组织、策划和控制。

二、信息时代的设计管理与制造新方法

在信息时代，现代设计已不同于早期的工业设计。信息时代的设计将是复杂的、多变的、自由化的、个性化的和人性化的。而其实现技术和手段，将包括计算机辅助设计、多媒体综合设计、电脑仿真设计、虚拟设计、网络设计和远程设计等。信息技术的发展除了使设计的形式和内涵都发生变化之外，也改变着设计师们的工作方式。从一定意义上说，现代设计更注重持续创新、快速更新和团队工作方式。由于信息和通讯技术的发展，现代家具产品设计、制造和流通的周期，包括创意、发明、革新和模仿等正在逐步缩小。在过去，家具产品循环的周期可长达数十年，今天，很少有一种产品的流行周期能超过30周。在这种环境下，设计方法与制造方法的创新将是十分必要的。

在全球经济一体化的今天，企业的竞争将主要是企业产品创新能力的竞争，而企业产品的快速而持续的创新设计能力的获得和维持，将有赖于其完善的知识管理能力。在科技进步的促进下，制造业处于一个革命性的变革时期，家具制造也正朝着先进的设计模式与制造模式同步发展，最近美国的经济学家认为"家具制造业应从批量生产的模式中走出来。在这种模式中，产品是标准化的，市场是单一的"。在将来的顾客个性化的经济中，将打破"生产—仓库—销售"的模式，而是个性化的订单生产，即标准模块加上个性化的设计服务，并可通过电子商务发展为大规模定制。通过计算机将产品设计、制造、装配、检测、资源计划等活动和部门集合起来成为一个整体，从而快速反映市场的柔性化生产模式。

三、模块化、平台化的设计管理模式

在全球经济一体化的今天，全球产品开发模式（GPD）的设计战略，模块化设计，平台化的设计管理模式（美国惠普复印机有几千个品种，只有5个基本平台设计模块），也是我们在企业设计管理中应该研究的新课题。当今著名的全球性产品设计事务所增长指数主要来源于采取模块化的产品设计，这些设计事务所的经验显示，对模块化设计概念的系统应用，大大地加速了新产品的设计开发过程，增加产品的范围，使公司能够面对市场的变异，迅速推出更多的新的换代升级产品，减少设计开发和生产的费用。

模块产品设计学是指在一个整体产品设计上采用混合和匹配的不同的插件和模块，产生戏剧般的组合变化，产品的配置产生更多的变异。模块产品设计学的最熟悉的成功例子是台式计算机，在微处理器内部变化的范围中，存储卡、硬盘、显示器、键盘这些基本模块的不同设计组合，可能自由地被结合配置成为一个几乎无限变化的数字化产品。全球设计事务所的增长指数证明：现在使用模块设计学创造高度变化

造型的产品设计（有时指平台）在市场上日益增长，例如汽车、家电、家具、个人电子通讯产品、金融服务、食物、软件和玩具等。

在家具行业的设计管理中，模块化设计的作用在北欧的瑞典等几个国家，在亚洲的韩国、新加坡、中国的香港和台湾地区的制造企业和设计事务所都有着成功的案例，他们在设计管理方面的成功经验非常值得我们的国内家具企业学习和借鉴。

[复习参考题]
◎ 家具设计策划阶段有哪些工作内容？
◎ 在家具的初步设计阶段，如何表达设计方案？
◎ 设计管理的含义是什么？

后记 >>

家具是人类衣食住行活动中供人们坐、卧、作业或供物品贮存和展示的一类器具。家具一直处于不停顿的发展变化之中，它不仅表现为一类生活器具、工业产品、市场商品，同时还表现为一类文化艺术作品，是一种文化形态与文明象征。随着现代社会的发展和科学技术的进步，以及生活方式的变化，家具设计是以构造宜人的生活环境为前提，以生产技术为手段，全面关注使用者心理需求，将文化意识形态转换为人类生活方式的有目的的造物活动。

本书是按照高职高专环境艺术设计专业及相关的教学基本要求编写的，主要介绍了现代家具概念及与相关学科的联系，主要时期中外家具的典范，家具造型要素、色彩和质感，家具的材料与构造，家具设计的创新与方法等，注重实际的设计与制作训练、注重案例讲解，并配有大量的国内外经典家具设计作品。通过比较系统学习家具设计的理论知识，将家具材料、造型设计、结构设计、家具制图、家具创新设计等有机地结合在一起，彼此衔接，相互渗透，紧密联系，融会贯通，并进行相应的家具设计实践训练，掌握家具设计的基本方法，能运用创新思维方法完成家具设计与表达。

本书由刘育成、李禹担任编著，同时编写过程中得到学院领导和艺术设计系各位老师的大力支持，在此表示感谢。

在编写过程中，总会存在这样或那样的不足，随着社会的发展和科学技术的进步，家具设计的内容也在不断地更新，本书也将会在以后的再编与出版中作进一步的改进。

作者
2009年6月

参考书目

[1] （美）莱斯利 皮娜著；吴智慧 吕九芳等编译. 家具史：公元前3000—2000年. 中国林业出版社 2008年

[2] 邬露蕾，陈苑编著 世界家具设计例说 西泠印社出版社 2006年

[3] 许柏鸣主编；潘燕丹编著 材料的魅力——当代家具设计 玻璃 塑料家具 东南大学出版社 2005年

[4] 许柏鸣主编；马春红编著. 材料的魅力——当代家具设计 布艺 皮革 藤家具 东南大学出版社 2005年

[5] 胡景初，方海，彭亮编著. 世界现代家具发展史. 中央编译出版社，2005年

[6] 彭亮 家具设计基础讲座（二）、（三）《家具与室内装饰》2005年第2、3期

[7] 吴智慧编著 家具设计 中国林业出版社 2005年

[8] 戴向东 家具设计讲座（十二） 《家具与室内装饰》2005年第12期

[9] 关惠元 现代家具结构讲座（二）、（三）、（四）《家具》2007年第2、3、4期

[10] 刘文金 邹伟华编著 家具造型设计 中国林业出版社 2007年

[11] 朱丹 郭玉良编著 家具设计 中国电力出版社 2008年

[12] www.establishedandsons.com/

[13] www.zanotta.it

[14] www.magisdesign.com

[15] www.campanas.com.br

[16] www.edra.com

[17] www.swedese.se

[18] www.vitra.com/en-lp/home/range/dining-chairs/

[19] www.bdbarcelona.com